# Excel VBAによる
# 統計データ解析入門

**CD-ROM付**

縄田和満

著

朝倉書店

Excel, Windows 95, 98, NT, Visual Basic は，米国 Microsoft 社の米国および世界各国における商標または登録商標です．そのほか，本文中に現れる社名・製品名はそれぞれの会社の商標または登録商標です．本文中には TM マークなどは明記していません．

# はじめに

　統計学では多くのデータの分析手法が開発されており，それらを説明した数多くの解説書が出版されている．朝倉書店から出版された拙著「Excelによる統計入門（第2版）」，「Excelによる回帰分析入門」で述べたように，Microsoft社のExcelには，分析を行なうのに必要な各種の関数や分析ツールが組み込まれており，これによって，多くの基本的な分析が可能となっている．しかしながら，Excelは統計分析を主目的としたプログラムではなく，複雑な分析をそのまま行なうことはできない．複雑な分析を行なう1つの方法は，統計分析専用のパッケージプログラム（例えば，SAS, SPSS, TSPなど）を用いることであるが，かなり高価である，習得にはかなり時間がかかる，手法について何も知らなくても結果を得ることができてしまう，といった問題がある．

　Excelではマクロを使うことによって複雑な処理を簡単に行なうことができる．ここでは，ExcelのVisual Basic for Application（VBAと略される）を使って，統計分析を行なうマクロを作成する．VBAはMicrosoft社が開発したVisual Basicと呼ばれるWindows用の言語をExcelなどのアプリケーションプログラム用に改良したもので，これにより複雑な処理を簡単に行なうことできる．

　本書では，統計学やExcelの基本的な知識さえあれば，プログラミングやVBAの知識がなくとも利用可能となるように配慮した．（統計学，Excel，パソコンの，まったくの初心者は，拙著「Excelによる統計入門（第2版）」などで，その基礎を学習してからの利用が望ましい．）ExcelはWindows用のExcel 97/2000を用いたが，Mac版のExcel 98においても，ほとんどそのまま利用可能である．また，特別な知識を前提としていないため，プログラミングやVBAの入門書としても利用可能である．しかしながら，本書はExcel 95, Excel 5.0，および，それ以前のバージョンには対応していないので注意していただきたい．

　なお，本書の主要部分は，筆者が東京大学で行なっている演習内容を中心にま

とめたものであるが，ご助言・コメントをいただいた諸先生方，受講生諸君に感謝の意を表したい．また，出版に関しては朝倉書店編集部の方々に大変お世話いただいた．心からお礼申し上げたい．

2000年4月

縄田和満

# 目次

1. VBA 入門 ———————————————————————— *1*
   - 1.1 マクロと VBA  *2*
   - 1.2 簡単なマクロの作成と実行  *3*
   - 1.3 ワークシートからの入出力  *9*
   - 1.4 ユーザー定義関数  *13*
   - 1.5 演習問題  *19*

2. 配列データの入力と処理 ———————————————————— *20*
   - 2.1 配列と Cells プロパティ  *20*
   - 2.2 指定した範囲からの入力  *22*
   - 2.3 任意の位置からのセルの値の入力  *24*
   - 2.4 定数の宣言  *26*
   - 2.5 Do…Loop ステートメントを使ったデータの処理  *27*
   - 2.6 演習問題  *30*

3. Excel の関数，インプットボックス，ユーザーインターフェースの使用
   ———————————————————————————————— *31*
   - 3.1 Excel ワークシート関数  *31*
   - 3.2 インプットボックスの使用  *33*
   - 3.3 ユーザーフォームの使用  *35*
   - 3.4 演習問題  *45*

4. 乱数によるシミュレーション ————————————————— *47*
   - 4.1 確率変数と確率分布  *47*
   - 4.2 乱数発生のプロシージャ  *52*
   - 4.3 大数の法則と中心極限定理  *60*

4.4　大数の法則と中心極限定理のシミュレーション　*62*
　4.5　演習問題　*64*

## 5.　行列の積と転置行列の計算 ―――――――――――― *65*
　5.1　行列の積の計算　*65*
　5.2　行列の積を計算するプロシージャ　*68*
　5.3　転置行列を計算するプロシージャ　*69*
　5.4　分散・共分散を計算するプロシージャ　*70*
　5.5　プロシージャのコード　*71*
　5.6　演習問題　*78*

## 6.　行列式と逆行列 ―――――――――――――――――― *79*
　6.1　行列式，行列および行列の階数　*79*
　6.2　行列式を計算するプロシージャ　*83*
　6.3　逆行列を計算するプロシージャ　*84*
　6.4　プロシージャのコード　*85*
　6.5　演習問題　*91*

## 7.　ユーザーフォームによる行列の計算 ――――――――― *92*
　7.1　行列の積　*92*
　7.2　逆行列　*98*
　7.3　分散共分散行列・相関行列の計算　*102*
　7.4　4つまでの行列計算を行なうプロシージャ・ユーザーフォーム　*106*
　7.5　プロシージャ・ユーザーフォームのコード　*108*
　7.6　演習問題　*113*

## 8.　回帰分析と最小二乗法 ――――――――――――――― *114*
　8.1　回帰モデルとは　*114*
　8.2　最小二乗法　*116*
　8.3　回帰モデル・最小二乗法の行列による表示　*116*
　8.4　最小二乗推定量を計算するプロシージャ　*120*
　8.5　プロシージャ・ユーザーフォームのコード　*123*
　8.6　演習問題　*128*

## 9. 回帰方程式の指標の計算 ——————————— *129*

- 9.1 決定係数 $R^2$　*129*
- 9.2 補正 $R^2$　*130*
- 9.3 最大対数尤度　*130*
- 9.4 AIC　*131*
- 9.5 誤差項の系列相関とダービン・ワトソン検定量　*131*
- 9.6 回帰分析を行なうプロシージャの変更　*134*
- 9.7 プロシージャのコード　*136*
- 9.8 演習問題　*138*

## 10. ウィルコクスンの検定 ——————————— *139*

- 10.1 ウィルコクスンの順位和検定　*139*
- 10.2 順位和を計算するプロシージャ　*145*
- 10.3 順位和を計算するプロシージャ・ユーザーフォームのコード　*147*
- 10.4 順位和検定のパーセント点の計算　*151*
- 10.5 パーセント点を計算するプロシージャ・ユーザーフォームのコード　*153*
- 10.6 演習問題　*159*

## 11. ウィルコクスンの符号付順位検定 ——————————— *160*

- 11.1 ウィルコクスンの符号付順位検定　*160*
- 11.2 符号付順位を計算するプロシージャ　*163*
- 11.3 プロシージャ・ユーザーフォームのコード　*164*
- 11.4 演習問題　*168*

## 12. リストボックスの使用とアドイン ——————————— *169*

- 12.1 リストボックス　*169*
- 12.2 プロジェクトの保護　*172*
- 12.3 アドインへの組み込み　*173*
- 12.4 演習問題　*181*

参 考 文 献　*179*
索　　引　*181*

## 付録 CD-ROM について

　本書付録の CD-ROM には，各章で説明したファイルが入っている．適当なフォルダ（ディレクトリ）にコピーして使用していただきたい．また，CD-ROM の内容に関する質問などは，朝倉書店まで文書にてお問い合わせいただきたい．

免責事項
　CD-ROM に収録されたファイルは，通常の運用に関してはなんら問題のないことを確認しているが，運用はすべて自己責任で行なうものとする．運用の結果，万一損害が発生したとしても，著者および出版社はいかなる責任も負わない．CD-ROM から直接複写しない場合や改変されたファイルを使う場合は，特にコンピュータウイルスに十分注意していただきたい．

著作権
　本書に収録したプログラム，および，ソースコードの著作権は著者に属する．ただし，読者が個人的に使用する場合，および，非営利団体において教育目的に使われる場合に関しては複写，改変，その一部の流用は自由である．（個人的に使用される場合以外は，朝倉書店にご連絡いただきたい．）商用利用に関しては著者の同意が必要である．特に，著者の文書による同意なしに本書に収録したプログラムおよびソースコードを使って有料の著作物や製品の作成，サービスの供与などを行なうことは固く禁じる．

**Excel 2002 での使用**
　2001 年 6 月に発売された Office XP の Excel 2002 では，セキュリティレベルが「高(H)」になっている場合，付録 CD-ROM のマクロを実行できない．（初期状態では「高」に設定されている．）
　［ツール(T)］→［マクロ(M)］→［セキュリティ(S)］をクリックして，セキュリティレベルを「中(M)」に変更して実行していただきたい．

# 1. VBA 入門

　統計学では，多くの手法が開発されていますが，実際にこれらの手法を用いて，データの解析を行なうには，コンピュータの利用が必要不可欠となっています．幸いなことに，今日では，高性能のパソコンや分析用のソフトウェアが比較的安価で入手でき，それらによって，ほとんどの分析が可能となっています．Microsoft 社の Excel は世界的に最も広く使われているプログラムの1つですが，そこに組み込まれている関数，データベース機能，ピボットテーブル，分析ツールなどを使うことによって，基本的な分析を行なうことが可能です．（詳細は拙著「Excel による統計入門（第2版）」などを参照してください．）

　しかしながら，Excel は統計分析を主目的としたプログラムではなく，複雑な分析をそのまま行なうことはできません．複雑な分析を行なう1つの方法は，統計分析専用のパッケージプログラム（例えば，SAS，SPSS，TSP など）を用いることですが，かなり高価である，習得にはかなり時間がかかる，目的とする分析手法がパッケージに含まれていない場合も多い，といった問題があります．Excel ではマクロを使うことによって複雑な処理を簡単に行なうことができます．ここでは，Excel の Visual Basic for Application（VBA と略される）を使って統計分析を行なうマクロを作成します．これにより，Excel の分析ツールなどに含まれていない手法による統計分析を行なうことが可能となります．

　VBA は Microsoft 社が開発した Visual Basic と呼ばれる Windows 用の言語を Excel などのアプリケーションプログラム用に改良したもので，これにより複雑な処理を簡単に行なうことができます．Visual Basic は古くからパソコンで使われてきた Basic をもとにした言語ですが，はるかに柔軟で複雑な処理を行なうことが可能です．VBA を理解することは Excel の処理を簡単にするばかりでなく，一般的なプログラミングの理解を助けることになります．

　本書は，統計学や Excel の基本的な知識さえあれば，プログラミングや VBA の知識がまったくなくとも利用可能となるように配慮しましたが，統計学，

Excel, パソコンのまったくの初心者は, 拙著「Excelによる統計入門（第2版）」などでその基礎を学習してから利用してください. また, 本書は, Excel 97でもExcel 2000でもまったく同様に利用できますが, Excel 95, Excel 5.0, および, それ以前のバージョンには対応していないので注意してください.

　本書では, まず, 第1～3章で統計分析を行なう上でマクロを作成するのに必要なVBAの基礎知識について学習します.（VBAにはこれ以外にも非常に多くの機能が含まれていますが, 本書の目的上, VBAに関する説明は必要最小限なものに留めましたので, より複雑な内容については, 巻末に示す参考文献などを参照してください.）第4章では, 統計分析で必要不可欠である確率的な扱いに関する基本的な理解を助けるために, いくつかの乱数を発生させるマクロを作成します. さらに, 確率論の最も重要な定理である「大数の法則」と「中心極限定理」のシミュレーションを行なうマクロを作成します. 多くの統計分析手法は行列を使って表示されています. 第5～7章では, 行列計算を行なうマクロを作成し, Excel上で複雑な行列計算を簡単に行なえるようにします. 第8～9章では, 行列計算を行なうマクロを使って, 最も重要な統計分析の1つである回帰分析を行なうマクロを作成します. 第10章では, ウィルコクスンの順位和検定を, 第11章では, ウィルコクスンの符号付順位検定を行なうマクロを作成します. 第12章では, 作成したマクロをアドインとしてExcelに組み込み, マクロを含むファイルを, いちいち呼び出さなくとも, 常に使用可能な状態とする方法について説明します.

　第4章までのマクロは簡単で比較的短いので,（付録CD-ROMには, これらのファイルも収録されていますが）VBAの理解のために, なるべく自分でコードを入力するようにしてください. 第5章以降の処理を行なうマクロは, 複雑で長くなっており, すべてのコードを誤りなく入力するのは大変だと思います. 付録CD-ROMには, 各章ごとに記載されたファイルが収録されていますので, 必要に応じてそれらを使い, また改良を加えてください.

## 1.1　マクロとVBA

　マクロとはExcelで使う命令の集まりのことです. ある一連の命令を繰り返し行なう場合, それをマクロとして記録しておけば, いちいち命令をキーボードやマウスなどから入力することなく, 簡単な操作で実行することができます. マクロはVBAを使って記録されます. これによって, Excelなどで複雑な計算や

処理の自動化を行なうことが可能となります．

　マクロを作成するには 2 つの方法があります．1 つはキーボードやマウスなどから入力した命令を記録していく方法で，コンピュータが命令を自動的に VBA のコードに変換して記録します．ほかの 1 つは VBA のコードを直接入力していく方法です．また，両者を組み合わせて複雑なマクロを作成することも可能です．なお，マクロは VBA のコードで記録されますが，一連のコードの集まりを，VBA では「プロシージャ」と呼びます．本書のレベルでは，両者は同一のもので，Excel 側では「マクロ」，VBA 側では「プロシージャ」と呼ばれると理解しておいてください．

　なお，本書では，説明の部分と実際にキーボードから入力する部分を区別するため，キーボードから入力する部分を**太字**で表すこととします．（区別のためですので，実際の入力では太字で入力する必要はありません．）

## 1.2　簡単なマクロの作成と実行

### 1.2.1　パーセント表示のマクロ

　簡単なマクロの例として，セルの表示を小数点以下 2 桁のパーセント表示にし，アクティブセルを 1 つ下に下げるマクロをつくってみます．Excel を起動してください．A1 に **0.123** と入力し，再びアクティブセルを A1 へ戻してください．マクロの記録を開始しますので，メニューバーから［ツール(T)］→［マクロ(M)］→［新しいマクロの記録(R)］をクリックしてください．Excel 2000 で［ツール(T)］のメニューに［マクロ(M)］がない場合は，メニュー最下部の下向きの矢印をクリックして，すべてのメニューが表示されるようにします．マクロのボックスが現れるので，マクロ名を **percent** とし，［OK］をクリックします（図 1.1, 1.2）．

図 1.1　マクロの記録を行なうには，メニューバーの［ツール(T)］→［マクロ(M)］→［新しいマクロの記録(R)］をクリックする．Excel 2000 で［ツール(T)］のメニューに［マクロ(M)］がない場合は，メニュー最下部の下向きの矢印をクリックして，すべてのメニューが表示されるようにする．

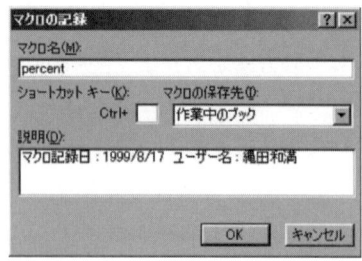

図 1.2 マクロのボックスが現れるので,マクロ名を **percent** とし,[OK] をクリックする.

[記録終了/相対参照で記録] のボタンが現れますので,右側の [相対参照で記録] のボタンをクリックしてボタンが押されている状態としてください.右側のボタンが押されていない場合,マクロの記録は「絶対参照」と呼ばれる方式で記録されますので,例えば,A2 から A3 に下げる操作を記録した場合,ワークシートのどの位置にいても,「A3 へ行け」という命令になってしまいます(図1.3).(新しい適当なマクロをつくって試してみてください.)小数点以下の表示を 2 桁としますので,ツールバーの [パーセント表示] をマウスでクリックし,[小数点表示桁上げ] を 2 度クリックし,最後にアクティブセルを 1 つ下げるという操作を行なってください.

図 1.3 [記録終了/相対参照で記録] のボタンが現れるので,右側の [相対参照で記録] のボタンをクリックしてボタンが押されている状態とする.必要な操作を行ない,[記録終了] のボタンをクリックしてマクロの記録を終了させる.

マクロの記録を終了しますが(マクロの記録を終了させないと永久に記録が続いてしまいます!),このためには,左側の [記録終了] のボックスをクリックするか,メニューバーから [ツール(T)]→[マクロ(M)]→[記録終了(R)] を選択してください.

マクロが記録されましたので,これを実行してみます.A2 に **0.2345** と入力してください.アクティブセルが A2 であることを確認し,[ツール(T)]→[マクロ(M)]→[マクロ(M)] をクリックします(図1.4).登録されたマクロのリストが現れますので,[percent] を選択し,[実行(R)] をクリックします.マクロが実行され,A2 の表示が 23.45% となり,アクティブセルが 1 つ下がって A3 となります(図1.5).

1.2 簡単なマクロの作成と実行

図 1.4 マクロを実行するには，[ツール(T)]→[マクロ(M)]→[マクロ(M)] をクリックする．

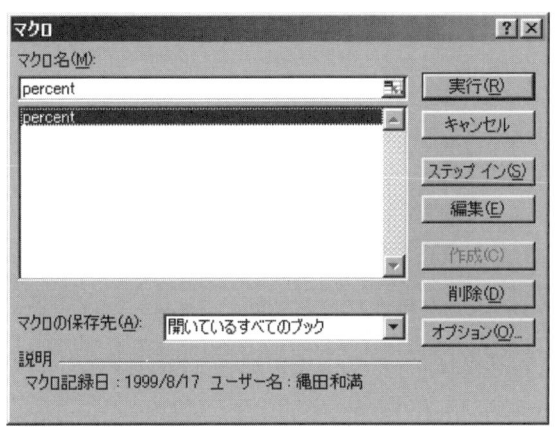

図 1.5 「マクロ」のボックスが開くので，[percent] を選択し，[実行(R)] をクリックするとマクロが実行される．

### 1.2.2 マクロの表示

Excelは，「マクロの記録」が開始されると，マウスやキーボードから入力された操作を VBA のコードに変換し，モジュール（Module）と呼ばれるシートに記録を行ないます．[ツール(T)]→[マクロ(M)]→[マクロ(M)] をクリックすると，マクロのボックスが現れますので，[percent] を選択し，[編集(E)] をクリックすると，Visual Basic Editor が起動し，先ほど作成したマクロがコード化されて表示されます．[Book1-Module1(コード)] の右上の [最大化ボタン] をクリックして拡大し，すべてのコードが表示されるようにします．すでに述べたように，VBA ではこれをプロシージャと呼びます（図1.6，1.7）．

Sub ではじまる行（Sub ステートメント，コンピュータに行なわせる命令文をステートメントと呼びます）は，マクロの開始を表し，その名前を宣言します．次の ' の後の最初の5行は，マクロ名，記録日，ユーザー名に関する情報を与えています．' ではじまるステートメントは，プログラムが何を行なうかを説明す

1. VBA 入門

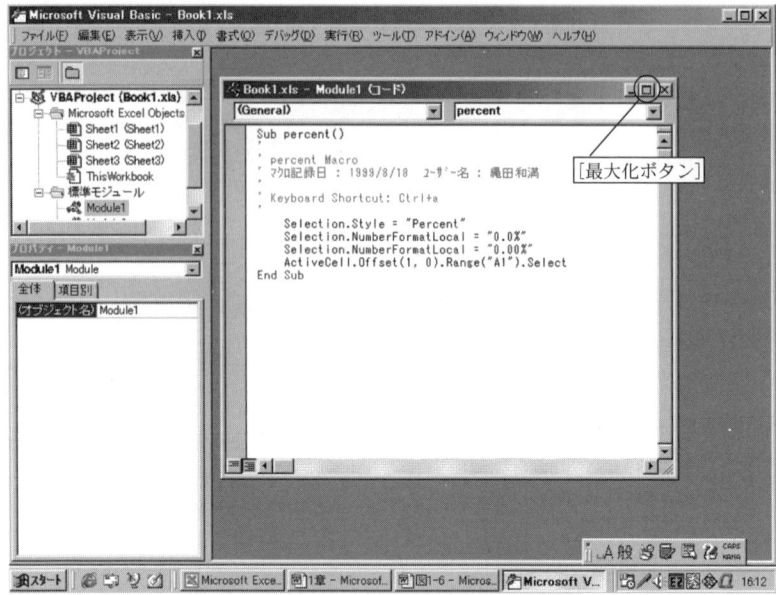

図 1.6 マクロがコード化されて表示されるので，[最大化ボタン] をクリックして Module1 の表示を拡大する．

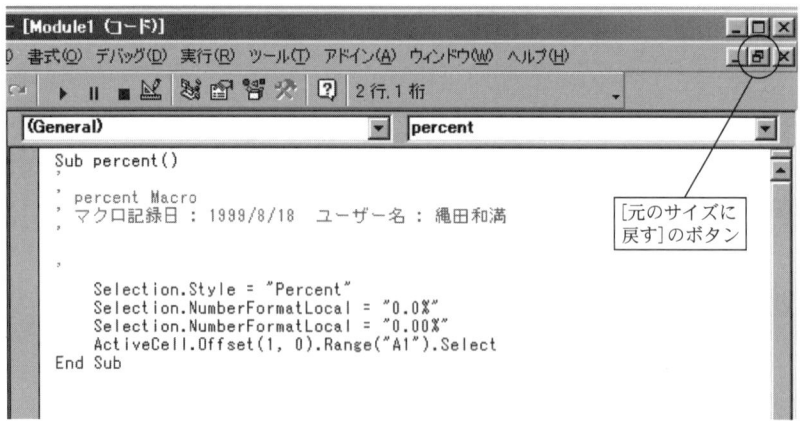

図 1.7 拡大された Module1 の表示．元のサイズに戻すには，[ウィンドウを元のサイズに戻す] のボタンをクリックする．

るためのコメントで，VBA での処理には影響しません．Selection ではじまる 3 行は，表示形式をパーセントにし，小数点以下の表示桁数を 1 桁，2 桁とする命令ですが，いずれも，Selection.xxxxx の形となっています．（VBA では多く

の場合，このようにまず，目的とするオブジェクトを指定し，ピリオドの後にそのオブジェクトに対しての動作を指定します．）ActiveCell.Offset(1, 0).Range("A1").Select はアクティブセルを1つ下げる命令に相当しています．最後の行の End Sub はマクロの終了を表しています．

### 1.2.3 マクロの変更
#### a. サブルーチンを使った書き換え

マクロが複雑で長くなったり，その一部を繰り返し使ったりする場合，マクロをサブルーチンと呼ばれる小さな単位に分けて，それを使ってマクロを組み立てると便利です．（Excel のマクロばかりでなく，一般のプログラミングにおいても，うまくサブルーチンを使うことが，プログラムを正確にはやくつくるための重要な基礎となっています．）ここでは，サブルーチンを使って先ほどのマクロを書き換えてみます．

Visual Basic Editor が起動しており，Module1 が編集可能であることを確認してください．実行部分（Selection.Style="Percent" から ActiveCell.Offset(1, 0).Range("A1").Select までの4行）を，per1 という名前のサブルーチンにして，それを呼び出すことによってマクロが実行されるように書き換えてみましょう．Sub percent(), 'ではじまる行の後に

**per1**
**End Sub**

**Sub per1()**

を挿入して，マクロを図1.8のようにしてください．（間違った入力をしないように注意してください．サブルーチンの間は自動的に線で区切られます．）per1 という名前のサブルーチンを呼び出し，それを実行します．次の End Sub は，前のマクロと同様，マクロの終了を表しています．Sub per1() は，per1 という名前のサブルーチンの開始を表し，次の4つのステートメントが per1 で実行される内容となります．最後の End Sub は，このサブルーチンの終了を表します．

なお，VBA の入力では大文字・小文字は区別されません．大文字で入力しても，小文字で入力しても，両者を混合しても同じです．コマンド，関数名，変数名などは，VBA で決まっている表示形式に自動的に変換されます．例えば，**end sub** と入力しても，**END SUB** と入力しても，[Enter] キーを押すと，自

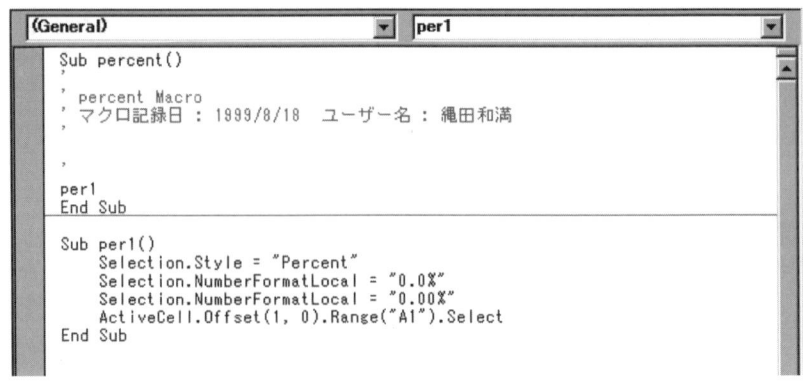

図 1.8 プロシージャの一部をサブルーチンとする.

動的に「End Sub」と表示されます.

Visual Basic Editor の画面のツールバーから，[ファイル(F)]→[終了して Microsoft Excel へ戻る(C)] を選択して，Excel へ戻ってください（図 1.9）．適当な数字を入力して，書き換えたマクロが正しく動くことを確認してください．この時点では，サブルーチンを使ったことはあまり意味がないように思えますが，次の変更でサブルーチンを使うことの意義が明らかになります．

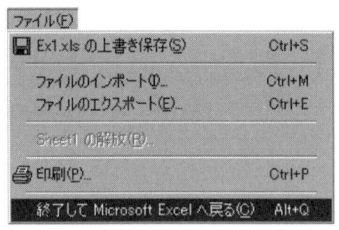

図 1.9 Visual Basic Editor を終了し，Excel に戻るには，[ファイル(F)]→[終了して Microsoft Excel へ戻る(C)] をクリックする.

### b．ループ命令を使った書き換え

いまのマクロは，1 つのセルの表示を小数点以下 2 桁のパーセント表示に変えるものでしたが，今度は 5 つのセルの表示を一度にパーセント表示に変えるようにマクロを書き換えてみます．[ツール(T)]→[マクロ(M)]→[マクロ(M)] をクリックし，マクロとして [percent] を選び，[編集(E)] をクリックして，「percent」を編集可能な状態としてください．

per1 の前の行に **For i=1 To 5**，後の行に **Next i** というステートメントを挿

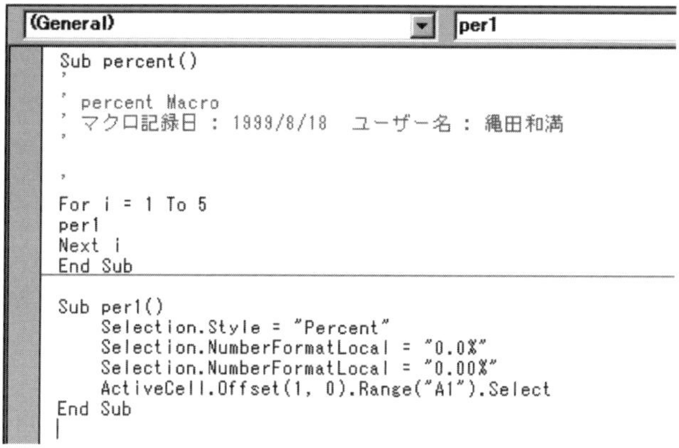

```
(General)                                    per1
Sub percent()
'
' percent Macro
' マクロ記録日 : 1999/8/18   ユーザー名 : 縄田和満
'

For i = 1 To 5
per1
Next i
End Sub

Sub per1()
    Selection.Style = "Percent"
    Selection.NumberFormatLocal = "0.0%"
    Selection.NumberFormatLocal = "0.00%"
    ActiveCell.Offset(1, 0).Range("A1").Select
End Sub
```

図 1.10 ループ命令を使い，5回の繰り返しが行なわれるようにプロシージャを変更する．

入して percent()の部分が

**Sub percent()**

**For i=1 To 5**

**per1**

**Next i**

**End Sub**

となるようにしてください（図1.10）．いま挿入した For i=1 To 5 と Next i は，i を1から5まで1ずつ増加させながら合計5回実行しなさいというループ命令です．この繰り返しを行なうループ命令はマクロばかりでなく，プログラミング一般で非常によく利用されます．ここでは，ループの中に per1 がありますので，per1 が5回実行され，マクロを実行すると5つのセルの表示が変更されます．［ファイル(F)］→［終了して Microsoft Excel へ戻る(C)］を選択して Excel に戻り，B1 から B5 までに適当な数字を入力し，アクティブセルを B1 へ移動させ，［ツール(T)］→［マクロ(M)］→［マクロ(M)］をクリックし，マクロとして［percent］を選択し，［実行(R)］をクリックして，マクロが正しく作動し，5つのセルの表示が変更されることを確認してください．

## 1.3 ワークシートからの入出力

Excel で VBA を使って複雑なデータ分析を行なうには，ワークシートからデータを入力し，VBA での処理結果をワークシートに出力することが必要になり

ます．ここでは，ワークシートからのデータの入力と，結果の出力方法について説明します．複雑なデータ処理を行なうには，どうしても VBA のコードを入力する必要があります．したがって，キーボードやマウスからの入力ではなく，以後はすべて VBA のコードを入力していく方法によって，マクロ/VBA プロシージャを作成します．

Sheet2 の A1 から A3 までに

1
2
3

と入力してください．ここでは，ワークシートからの入出力の簡単な例として，A1 から A3 までの合計を計算し，D1 に合計を計算する処理を行なうマクロ/VBA プロシージャを作成します．[ツール(T)]→[マクロ(M)]→[Visual Basic Editor(E)] をクリックして，Visual Basic Editor を起動してください．[挿入(I)]→[標準モジュール(M)] を選択すると Module2 が挿入されますので，Module2 に次のコードを入力してください．入力は大文字，小文字のいずれでもかまいませんが，間違って入力すると，[Enter] キーを押したとき，または，実行時にエラーとなりますので注意してください（図 1.11）．

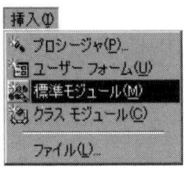

図 1.11　[挿入(I)]→[標準モジュール(M)] をクリックして，Module2 を挿入し，VBA のコードを入力する．

```
Sub Total1()
Dim X1 As Single, X2 As Single, X3 As Single, Sum As Single
X1=Range("A1")
X2=Range("A2")
X3=Range("A3")
Sum=X1+X2+X3
Range("C1")="合計"
Range("D1")=Sum
```

**End Sub**

各コードの意味は，次の通りです．

Sub Total1( )
——VBAプロシージャは，まず，Subでその名前を宣言します．ここでは，Total1( )と名前を付けます．( )を除いたもの（この場合はTotal1）がExcelでのマクロ名となります．

Dim X1 As Single, X2 As Single, X3 As Single, Sum As Single
——ここでは，変数のデータタイプを宣言します．Dimの後に変数名を記述し，Asの後にデータタイプを指定します．VBAでは次のデータを扱うことができます．

 Integer（整数型），Long（長整数型），Single（単精度浮動小数点型），Double（倍精度浮動小数点型），Currency（通貨型），String（文字型），Date（日付型），Byte（バイト型），Boolean（ブール型），Object（オブジェクト型），Decimal（10進型），Variant（バリアント型），ユーザー定義型

です．タイプの詳しい説明は必要に応じて行ないますが，ここでは，X1，X2，X3，および，Sumを単精度浮動小数点型としています．単精度浮動小数点型は，小数点の付いた実数データで，

 負の数が $-3.402823 \times 10^{38}$ から $-1.401298 \times 10^{-45}$ まで，
 正の数が $1.401298 \times 10^{-45}$ から $3.402823 \times 10^{38}$ まで

で，ほぼ7桁の精度があります．なお，前節の例ではデータタイプを宣言していません．データタイプを宣言しないと，文字データにも数値データにも対応するバリアント型となります．バリアント型は便利なようですが，計算時間がかかる上，プログラム作成時に誤りを起こしやすくなり，また，それを発見することも困難となります．このため，本書ではこれ以後，インデックス変数など，ごく簡単な場合を除き，変数のデータタイプ宣言を行なうこととします．

X1＝Range("A1")
X2＝Range("A2")
X3＝Range("A3")

――Range はワークシートの参照する範囲を指定します．(Range は VBA では「プロパティ」と呼ばれる属性を与える分類に属し，Range プロパティと呼ばれます．) 参照する範囲を " " で囲んで指定します．Range("A1") は A1 を参照します．X1 から X3 にはワークシートの A1 から A3 の値が入力されます．

Sum＝X1＋X2＋X3
――X1 から X3 までの合計が計算され，Sum にその結果が格納されます．算術演算子は，＋：足し算，－：引き算，＊：掛け算，／：割り算，^：べき乗，￥：2 つの整数の割り算の商の整数部分，MOD：2 つの整数の割り算の余り，です．(X＝5￥2，Y＝5 MOD 2 とすると，X＝2，Y＝1 です．なお，VBA では整数以外にも￥，MOD は使用可能で，2 つの数値は整数に丸められ，結果も整数として与えられます．ただし，間違いのもととなりますので，￥，MOD は整数以外には使用しないほうがよいでしょう．) 計算の優先順位は通常の計算と同様，「べき乗」→「掛け算，割り算」→「足し算，引き算」です．(掛け算，割り算での優先順位は，＊，／→￥→ MOD となります．) 計算の優先順番を変えたい場合は，( ) を使います．

Range("C1")＝"合計"
Range("D1")＝Sum
――Range プロパティを使い，ワークシートの C1 に「合計」，D1 に合計の計算結果を出力します．合計は " " で囲んでください．

End Sub
――プロシージャの終了を宣言します．

入力が完了したら，Excel の Sheet2 に戻り，[ツール(T)]→[マクロ(M)]→[マクロ(M)] をクリックしてください．マクロのリストに [Total1] が加わっていますので，それを選択し，[実行(R)] をクリックしてください．C1 に「合計」，D1 に A1～A3 の合計である 6 が現れます．なお，Excel と Visual Basic Editor を交互に使う場合，Visual Basic Editor の起動，終了を繰り返すのは面倒です．このような場合には，画面下部の [Microsoft Excel] と [Microsoft Visual Basic] をクリックすることによって，Excel と Visual Basic Editor と

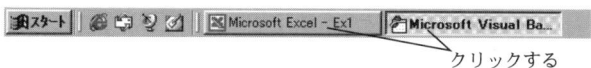

図 1.12　Excel と Visual Basic Editor の切り替えは，画面下部の［Microsoft Excel］と［Microsoft Visual Basic Editor］をクリックすることによって行なうことができる．

の切り替えを行なうことができます（図1.12）．

なお，入力ミスなどを起こさず，1度でプログラムを正しくつくれることはまれで，作成中にエラーを生じ，それを修正していく必要が生じるのが普通です．エラーのためマクロが正常に終了しないと，Excel への入力，マクロの修正，再実行などができなくなることがあります．このような場合は，Visual Basic Editor に切り替えて，［実行(R)］→［リセット(R)］を選択してください（図1.13）．

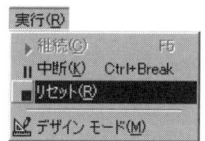

図 1.13　エラーのためマクロが正常に終了しないと，Excel への入力，マクロの修正，再実行などができなくなることがある．このような場合は，Visual Basic Editor に切り替えて，［実行(R)］→［リセット(R)］を選択する．

## 1.4　ユーザー定義関数

Excel では非常に多くの関数が用意されていますが，すべての関数を網羅しているわけではありませんので，場合によっては，目的とする関数を自分自身で作る必要があります．これがユーザー定義関数（カスタム関数）です．ユーザー定義関数は，VBA で記録されますが，すべて VBA のコードで入力する必要があります．ここでは，まず，$n$ の階乗を計算する関数を作成し，それに基づき，確率論や統計学で重要な意味を持つ，順列の数と組み合わせの数を求める関数をつくってみます．

### 1.4.1　$n$ の階乗の計算関数の作成

ここでは，まず，$n$ の階乗 (factorial) $n! = n \cdot (n-1) \cdot (n-2) \cdots 3 \cdot 2 \cdot 1$ を計算するユーザー定義関数を新しいモジュールに作ってみましょう．（なお，0! は 1 と定義します．）メニューバーから［ツール(T)］→［マクロ(M)］→［Visual

Basic Editor(M)] を選択すると，Visual Basic Editor が起動します．ツールバーから［挿入(I)］→［標準モジュール(M)］をクリックすると Module3 というシートが挿入されます．Module3 に

 **Function factorial(n As Integer)**
 **Dim i As Integer, m As Integer, k As Double**
  **If n=0 Then**
  **m=1**
  **Else**
  **m=n**
  **End If**
  **k=1**
  **For i=1 To m**
  **k=k∗i**
  **Next i**
  **factorial=k**
 **End Function**

と入力してください（図1.14）．入力はマクロと同様，大文字，小文字のいずれでもかまいませんが，間違って入力すると，［Enter］キーを押したとき，または，関数の実行時にエラーメッセージがでますので注意してください．

 この関数のコードの意味は次の通りです．

Function factorial(n As Integer)
——関数名と，n が引数であり，n のデータタイプが整数型であることを宣言します．整数型（Integer）は $-32{,}768$ から $32{,}767$ までの整数を取り扱うことができます．この範囲をこえる整数を使う場合は，データタイプを長整数型（Long）とします．長整数型は $-2{,}147{,}483{,}648$ から $2{,}147{,}483{,}647$ までの整数を取り扱うことができます．（この範囲をこえる数値は，浮動小数点型または通貨型として取り扱う必要があります．）

Dim i As Integer, m As Double, k As Double
——i, m のデータタイプが整数型，k が倍精度整数型であることを宣言します．倍精度浮動小数点型は，

負の数 $-1.79769313486232\times10^{308}$ から $-4.94065645841247\times10^{-324}$

正の数 $4.94065645841247\times10^{-324}$ から $1.79769313486232\times10^{308}$

までの値を取り扱うことができ精度も15桁となりますが，記憶領域は8バイトで，単精度浮動小数点型の2倍となり，計算速度もやや遅くなります．しかしながら，現在のパソコンでは，これらはあまり問題となりませんので，本書では分析の精度が必要な場合に倍精度浮動小数点型を使うこととします．

```
If n=0 Then
m=1
Else
m=n
End If
```
――Ifステートメントでnが0かどうかをチェックし，n=0の場合m=1，n≠0の場合m=nとしています．このように，Ifステートメントでは，Ifの後に条件を与え，その条件が正しい場合Thenに続くステートメントを，正しくない場合Elseに続くステートメントを実行します．End IfはIfの終了を表します．Ifステートメントで使うことのできる演算子は，

= 等しい，< より小さい（未満），<= 以下，> より大きい，>= 以上，<> 等しくない

です．また，2つの条件を加える場合，条件を同時に満たさなければならない場合にはAndを，1つを満たせばよい場合はOrを使います．例えば，nが2以上5未満という条件は，n>=2 And n<5，nが1未満または6以上という条件は，n<1 Or n>=6とします．AndとOrを使って，3つ以上からなる複雑な条件を与えることも可能ですが，この場合，条件の関係を明確にするために（ ）を使ってください．nが1以上5未満または10以上20未満という条件は，（n>=1 And n<5）Or（n>=10 And n<20）とします．

```
k=1
 For i=1 To m
 k=k*i
 Next i
```
――kの初期値を1とし，Forループによって1からmまで順に掛けていきま

す．なお，k＝k*i は数学的にはおかしな表現に見えますが，ここでの「＝」は左辺と右辺が等しいということではなく，右辺の計算結果（k の値と i の値の積）を k に代入して k を新しい値に置き換えるということを意味します．したがって，k*i＝k は意味がなく，エラーとなります．

factorial＝k
——結果を関数の値として与えます．

End Function
——関数の終了を表します．

画面下部の［Microsoft Excel］を選択して，Excel へ戻ってください．5! を計算する場合は，適当なセルに ＝**factorial(5)** と入力すると，5!＝5・4・3・2・1＝120 が計算されます．この関数を使っていろいろな値の階乗を計算してみてください．（関数の引数としてはセルの番地を指定することもできます．引数としてセルの番地を指定し，そのセルの値を変更すれば，いちいち関数名を入力する必要はありません．なお，$n!$ は $n$ が増加するにしたがい急激に大きくなりますので，あまり大きな $n$ に対しては，この関数では計算できませんので注意してください．）

### 1.4.2 順列の数の計算

取る順番をも考慮して，$n$ 個のものから $r$ 個取る順列の数（permutation）は，何通りあるでしょうか．最初は $n$ 個のものいずれでもかまいませんので，$n$ 通りあります．次は，すでに1個取っていますので，$n-1$ となります．その次は，2個すでに取っていますので $n-2$ となり，$r$ 個まで順に取っていくと結局，${}_nP_r = n \cdot (n-1) \cdot (n-2) \cdots (n-(r-1)) = n!/(n-r)!$ となります．（${}_nP_r$ は $n$ 個から $r$ 個取る順列の数を表します．）

$n$ の階乗の計算関数を使って，${}_nP_r$ を計算する関数を作成してみましょう．［ツール(T)］→［マクロ(M)］→［Visual Basic Editor(M)］を選択し，Visual Basic Editor を起動してください．Module3 の factorial 関数の下に次のステートメントを入力してください（図1.14）．見やすいように必ず関数間には1行以上の空行を入れてください．（サブルーチンと同様，関数の間は自動的に線で区

図 1.14 Module3 に $n$ の階乗，順列数，組み合わせ数を計算するユーザー定義関数を作成する．

切られます．)

**Function perm(n As Integer, r As Integer)**
**Dim nr As Integer, n1 As Double, nr1 As Double**
nr＝n－r
n1＝factorial(n)
nr1＝factorial(nr)
perm＝n1/nr1
**End Function**

ここでは，factorial 関数を使い $n!$ と $(n-r)!$ を計算し，その比を求め ${}_nP_r$ を計算しています．Excel に戻り，適当なセルに ＝perm(5, 2) と入力し，5個から2個を選ぶ順列の数 ${}_5P_2=20$ を計算してください．また，引数の値をいろいろ代えて順列の数を求めてください．

### 1.4.3 組み合わせの数の計算

順列の数では取る順番を考慮して，すなわち，(A, B, C) や (B, C, A) や (C, A, B) は異なるとして，数を計算しました．しかしながら，最終的に A, B,

Cが得られるということでは同一です.では,取る順番は考慮せず,$n$個から$r$個を選んだ場合の,異なる最終結果の可能な数,すなわち,組み合わせの数 (combination) はいくつでしょうか.$n$個から$r$個選ぶ組み合わせの数は$_nC_r$で表されます.$n$個から$r$個選ぶ順列の数は$_nP_r$ですが,同一の組み合わせに対しては,取る順番によって$r!$個の異なる取り方がありますので,$_nC_r=_nP_r/r!=n!/\{r!(n-r)!\}$となります.なお,$_nC_r$は二項定数とも呼ばれます.

[Visual Basic Editor(M)] をクリックして Visual Basic Editor に画面を切り替え,Module3 の perm 関数の下に,次のステートメントを入力してください (図1.14).(前と同様,関数間には空行を入れてください.)

**Function comb(n As Integer, r As Integer)**
**Dim p As Double, r1 As Double**
**p=perm(n, r)**
**r1=factorial(r)**
**comb=p/r1**
**End Function**

この関数では,perm 関数で計算した順列の数を$r!$で割って$_nC_r$を求めています.Sheet1 に切り替えて,適当なセルに **=Comb(5, 2)** と入力し,$_5C_2=10$ を求めてください.

以上で本章を終了しますので,**EX1** とファイル名を付けて保存してください.なお,Excel ではマクロ・ユーザー定義関数を含むファイルを開く場合,それを無効とするかどうかを問い合わせてきますので,[マクロを有効にする(E)] を選択してください(図1.15).

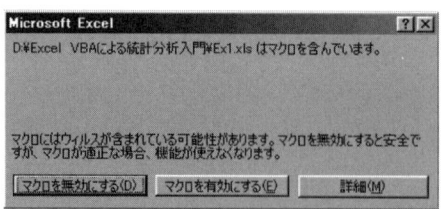

図1.15 マクロを含むファイルを開く場合,マクロを有効にするかどうか問い合わせてくるので,[マクロを有効にする(E)] をクリックする.

なお,ここでは演習のために$n!$,順列数,組み合わせ数を計算するユーザー定義関数をつくりましたが,Excel にはこれらを計算する関数が組み込まれており,それぞれ FACT(n),PERMUT(n, r),COMBIN(n, r) で計算することが

できますので，作成したユーザー定義関数の結果と比較してみてください．（本章の内容は付録の CD-ROM に 1 章.xls として保存されています．）

## 1.5 演 習 問 題

1. 数値の表示形式を小数点以下の表示が 4 桁となるような指数表示（12345 を 1.2345E+04 とする）に変換するマクロをつくってください．
2. 前問の操作を連続した 10 個のセルに対して行なうようにマクロを変更してください．
3. 基準年の値を $P_0$，$t$ 年後の値を $P_t$ とした場合の年当たりの伸び率 $r$ は，$r=(P_t/P_0)^{1/t}-1$ で計算されます．これを計算するユーザー定義関数を作成してください．
4. 1 から $n$ までの逆数の和 $1+1/2+1/3+\cdots+1/n=\sum 1/i$ を計算するユーザー定義関数を作成してください．
5. ワークシートの A11～A13 の 3 つのセルから値を入力し，3 つの値の積を求め，C11 に**積**という文字，D11 に積の計算結果を出力するマクロをつくってください．

# 2. 配列データの入力と処理

　多くのデータ分析ではワークシートから多数のデータを入力し，配列としてVBAで処理を行ないます．ここでは，配列の入力とその処理について説明します．Excel を起動し，新しいブックを開いてください．

## 2.1 配列と Cells プロパティ

　[ツール(T)]→[マクロ(M)]→[Visual Basic Editor(E)] をクリックして，Visual Basic Editor を起動してください．[挿入(I)]→[標準モジュール(M)] をクリックして Module1 を挿入し，次のコードを入力してください．

```
Sub Total2()
Dim X(3) As Single, Sum As Single, i As Integer
　For i=1 To 3
　X(i)=Cells(i, 1)
　Next i
Sum=0
For i=1 To 3
Sum=Sum+X(i)
Next i
　Range("C1")="合計"
　Range("D1")=Sum
End Sub
```

　これは，前章で説明したものと同じく，ワークシートの A1 から A3 までのデータを入力して，その合計を計算し，D1 に出力するマクロ/プロシージャですが，配列，および，Cells プロパティを使って入力処理を行なっています．なお，3〜5 行目のように，はじめにスペースを空けている行がありますが，これはプログラムを見やすくするためで，(Fortran と異なり) 実行には影響しません．

長いプログラムを書く場合，まとまった単位ごとに一定のスペースを入れるとわかりやすくなり，間違いなどを防ぐことができます．各ステートメントの意味は次の通りです．

Sub Total2()
——これまでと同様，マクロ/プロシージャ名を宣言します．

Dim X(3) As Single, Sum As Single, i As Integer
——まず，X が複数のデータをまとめて扱うことのできる配列であり，データタイプが単精度浮動小数点型であることを宣言しているステートメントです．配列であることを宣言するには，配列名の後にカッコを付け，カッコ内の引数として，配列の内容を参照するインデックスの最大値を指定します．インデックスは 0 からはじまり，指定した最大値までの整数値を取りますので，X は（指定した数＋1）個のデータを取り扱うことができます．この例では，X には 4 つのデータを格納することが可能で，それぞれ，X(0)，X(1)，X(2)，X(3) として参照します．（この例では配列の対応関係を簡単にするため X(0) は使いません．）また，配列はデータが 1 列に並んだ 1 次元配列ばかりでなく，X(3,3) のように縦横に並んだ 2 次元配列，X(3,3,…,3) のように 3 次元以上の配列を指定することも可能です．VBA では最大 60 次元までの配列を宣言することができます．また，配列のインデックスの最小値と最大値を指定し，Dim X(21 To 80) As Single のようにすることも可能です．この場合，インデックスは最小値と最大値の間の整数でなければなりません．また，これまでと同様，Sum が単精度浮動小数点型，i が整数型であることを宣言します．

For i=1 To 3
X(i)=Cells(i, 1)
Next i
——前章ではワークシートのセルの内容を入力するのに Range プロパティを使いましたが，ここでは Cells プロパティを使っています．Cells は Cells(行番号, 列番号) とし，行番号と列番号によってセルを指定します．Cells(1, 1) は A1，Cells(3, 1) は A3，Cells(2, 3) は C2 となります．Excel では，セルを B2 のように，列，行の順番で指定しますが，Cells では行，列の順番で指定することに注

意してください．ループ命令によって，X(1) に A1，X(2) に A2，X(3) に A3 のセルの値を格納します．

Sum＝0
For i＝1 To 3
Sum＝Sum＋X(i)
Next i
――まず，Sum の値を 0 とし，ループ命令によって Sum に X(1) から X(3) までの値を加えていきます．

Range("C1")＝"合計"
Range("D1")＝Sum
End Sub
――これまでと同様，C1 に「合計」，D1 に合計の計算結果を出力し，プロシージャの終了を宣言します．

Excel に戻り，[ツール(T)]→[マクロ(M)]→[マクロ(M)] をクリックし，マクロのリストから [Total2] を選択し，[実行(R)] をクリックして，このマクロが正しく働くことを確認してください．（なお，以後，Excel 側でプログラムを参照する場合はマクロ，VBA 側で参照する場合はプロシージャと呼びます．）

## 2.2　指定した範囲からの入力

前節では，Cells プロパティを使って，A1 から A3 までの範囲のデータを入力し，その合計を求めました．ここでは，適当な範囲，たとえば，D3 から D5 までのデータの入力を，Cells プロパティを使って行なってみます．D3 は第 3 行，第 4 列ですので，Cells(3, 4) によって参照可能ですが，このような方式では行・列番号を求める必要があり，プログラムが複雑になり，間違いを起こしやすくなってしまいます．このような場合，まず，データ範囲を指定し，その範囲のなかでの相対的な位置を指定する方法を使います．

新しいプロシージャを作成しますので，Module1 に
**Sub Total3()**
と入力してください．次に，Sub Total2() のコードを複写して，（複写する部分

## 2.2 指定した範囲からの入力

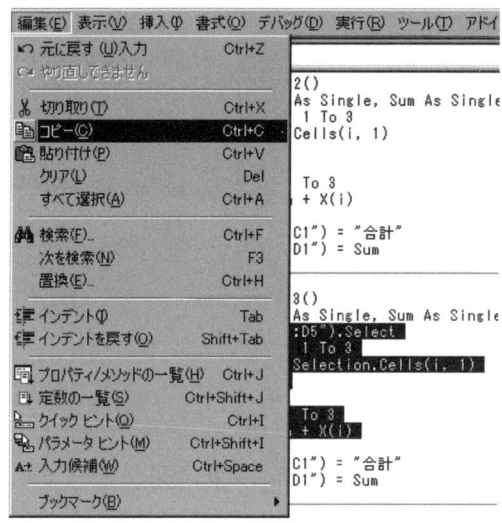

図 2.1 Visual Basic Editor で複写を行なうには，複写する部分を指定し，[編集(E)]→[コピー(C)] をクリックする．挿入ポイントを複写する場所に移動し，[編集(E)]→[貼り付け(P)] をクリックする．

を指定し，[編集(E)]→[コピー(C)] をクリックし，クリップボードに登録します．次に，挿入ポイントを複写する場所に移動し，[編集(E)]→[貼り付け(P)] をクリックします（図 2.1）．）Dim X(3) As Single, Sum As Single, i As Integer
と For i=1 To 3 の間に

**Range("D3:D5").Select**

と入力してください．これによって D3 から D5 を対象範囲として選択することを宣言します．次に，X(i)=Cells(i, 1) を

**X(i)=Selection.Cells(i, 1)**

に変更して次のようなプロシージャを作成してください．

**Sub Total3()**
**Dim X(3) As Single, Sum As Single, i As Integer**
**Range("D3:D5").Select**
  **For i=1 To 3**
  **X(i)=Selection.Cells(i, 1)**
  **Next i**
**Sum=0**

```
  For i=1 To 3
  Sum=Sum+X(i)
  Next i
    Range("C1")="合計"
    Range("D1")=Sum
  End Sub
```

Selection. を付けることによって，前に選択された範囲のなかでの相対的な位置にあるセルが参照されます．ここでは，D3 から D5 が選択されていますので，Selection.Cells(1, 1) は D3，Selection.Cells(2, 1) は D4，Selection.Cells(3, 1) は D5 となり，D3 から D5 のデータが入力されます．Excel に戻り，マクロが正しく作動することを確認してください．

## 2.3 任意の位置からのセルの値の入力

これまでは，A1 から A3 というように，決まったセルからの入力と合計について考えてきましたが，ここではアクティブセルから下側に 3 つの合計を計算し，結果を出力するマクロをつくってみます．Visual Basic Editor に切り替えて，Module1 に次のプロシージャを入力してください．

```
Sub Total4()
Dim X(3) As Single, Sum As Single, i As Integer
  For i=1 To 3
  X(i)=ActiveCell.Range("A1")
  ActiveCell.Offset(1, 0).Range("A1").Select
  Next i
Sum=0
For i=1 To 3
Sum=Sum+X(i)
Next i
  ActiveCell.Offset(-3, 2).Range("A1").Select
  ActiveCell.Range("A1")="合計"
  ActiveCell.Offset(1, 0).Range("A1").Select
  ActiveCell.Range("A1")=Sum
End Sub
```

各コードの意味は次の通りです．

Sub Total4()
Dim X(3) As Single, Sum As Single, i As Integer
——これまでと同様，プロシージャ名，Xが配列インデックスの最大値が3の配列であること，各変数のデータタイプを宣言します．

For i=1 To 3
X(i)=ActiveCell.Range("A1")
ActiveCell.Offset(1, 0).Range("A1").Select
Next i
——ワークシート上のデータをXに入力します．X(i)=ActiveCell.Range("A1")でアクティブセルの値をX(i)に入力します．ActiveCell.Offset(1,0).Range("A1").Selectはアクティブセルを1つ下に下げる命令です．

Sum=0
For i=1 To 3
Sum=Sum+X(i)
Next i
——これまでと同様，X(1)からX(3)の合計を計算し，Sumに格納します．

ActiveCell.Offset(−3, 2).Range("A1").Select
ActiveCell.Range("A1")="合計"
ActiveCell.Offset(1, 0).Range("A1").Select
ActiveCell.Range("A1")=Sum
——ここでは，アクティブセルを見やすい位置に移動して，結果を出力します．ActiveCell.Offset(−3, 2).Range("A1").Selectは，アクティブセルを移動する命令です．Offsetのカッコ内に現在の位置から移動させる行数と列数を指定します．移動させる行数が正の場合は下側に指定した数だけ，負の場合は上側に指定した数だけ移動します．また，移動させる列数が正の場合は右側に指定した数だけ，負の場合は左側に指定した数だけ移動します．Offset(−3, 2)ですので，上に3つ，右に2つアクティブセルが移動します．ActiveCell.Range("A1")=

"合計" は移動したアクティブセルに「合計」と出力する命令，ActiveCell.Offset(1, 0).Range("A1").Select はアクティブセルを1つ下に下げる命令です．ActiveCell.Range("A1")＝Sum は Sum に格納されている合計の計算結果をアクティブセルに出力します．End Sub でプロシージャの終了を宣言します．

Excel に戻り，B11 から順に下側に
3
4
5
と入力してください．B11 にアクティブセルを移動し，[ツール(T)]→[マクロ(M)]→[マクロ(M)] をクリックし，マクロのリストから [Total4] を選択し，[実行(R)] をクリックして，このマクロを実行してください．D11 に「合計」，D12 に合計の計算結果の 12 が出力されます．

## 2.4 定数の宣言

現在のプロシージャ Total4 は，連続する3つのセルの合計を計算するものですが，これを $n$ 個の合計を計算できるように変更してみましょう．まず，5個のセルの合計を計算してみます．このためには Dim ステートメント，2つの For ステートメント，Offset 内で指定した3を5に変更することが考えられます．しかしながら，この方法では，例えば10個のセルの合計を求めたい場合，再び4カ所を変更する必要が生じます．これは，面倒なばかりでなく，間違いのもとになります．このような場合，合計を求めるセルの数を最初に定数名を付けて宣言しておき，以後はその定数名を使うようにします．

Sub　Total5() と入力し，Sub　Total4() のコードを複写してください．Sub Total5() の後に

**Const n As Integer＝5**

を入力してください．Const は定数を宣言するキーワードで，Const 定数名 As データタイプ＝定数値とします．ここでは，定数名を n，データタイプを整数型，その値を5としています．変数と異なり，定数として指定したものはプログラム中でその値を変えることはできません．Dim X(3), 2つの For i＝1 to 3, ActiveCell.Offset(−3, 2).Range("A1").Select の合計4つのステートメントの3を n に変更し，プロシージャを次のように変更してください．

```
Sub Total5()
Const n As Integer=5
Dim X(n) as Single, Sum As Single, i As Integer
  For i=1 To n
  X(i)=ActiveCell.Range("A1")
  ActiveCell.Offset(1, 0).Range("A1").Select
  Next i
Sum=0
For i=1 To n
Sum=Sum+X(i)
Next i
  ActiveCell.Offset(-n, 2).Range("A1").Select
  ActiveCell.Range("A1")="合計"
  ActiveCell.Offset(1, 0).Range("A1").Select
  ActiveCell.Range("A1")=Sum
End Sub
```

Excelに戻り，5つの連続するセルに適当な値を入力し，このマクロが正しく作動することを確認してください．また，Visual Basic Editorに切り替え，nの値を変えてマクロが指定した数のセルの合計を計算することを確認してください．

## 2.5 Do…Loop ステートメントを使ったデータの処理

いままでは，決まった個数のセルの合計を計算しましたが，ここでは，データの数を指定せずに，連続データの合計を計算するマクロをDo…Loopステートメントを使って作成してみます．Visual Basic Editorに切り替え，Total6の後に，次のコードを入力してください．

```
Sub Total6()
Dim s as Single, Sum As Single, i As Integer
  Sum=0
  i=0
Do While ActiveCell.Range("A1") <> ""
i=i+1
```

```
    s=ActiveCell.Range("A1")
    Sum=Sum+s
    ActiveCell.Offset(1, 0).Range("A1").Select
Loop
    ActiveCell.Offset(2, 0).Range("A1").Select
    ActiveCell.Range("A1")="個数"
    ActiveCell.Offset(1, 0).Range("A1").Select
    ActiveCell.Range("A1")=i
    ActiveCell.Offset(1, 0).Range("A1").Select
    ActiveCell.Range("A1")="合計"
    ActiveCell.Offset(1, 0).Range("A1").Select
    ActiveCell.Range("A1")=Sum
End Sub
```

各コードの意味は次の通りです．

```
Sub Total6()
Dim s as Single, Sum As Single, i As Integer
Sum=0
i=0
```
――これまで通り，プロシージャ名，変数のデータタイプを宣言し，Sum と i の初期値を 0 とします．

```
Do While ActiveCell.Range("A1") <> ""
    i=i+1
    s=ActiveCell.Range("A1")
    Sum=Sum+s
    ActiveCell.Offset(1, 0).Range("A1").Select
Loop
```
――ある条件が成り立つ場合だけ，処理を行なわせるには Do…Loop ステートメントを使います．ここでは，そのうち，Do While ステートメントを使っています．ほかの方法については後ほど説明します．Do While ステートメントでは，While の後に条件式を入力し，その条件が満足される間だけ Loop までの処

理を行ないます．「""」（「"」を2つ並べます）はデータの入力されていない空白のセルを意味します．Do While ActiveCell.Range("A1") <>"" はアクティブセルが空白でない間 Loop までの処理を行ない，アクティブセルが空白になった時点で処理を終了し，Loop の後のステートメントに移ります．ここでは，アクティブセルが空白でない場合，

1) 空白でないセルの数を数え（i=i+1），
2) s にアクティブセルの値を入力し（s=ActiveCell.Range("A1")），
3) s の値を Sum に加え（Sum=Sum+s），
4) アクティブセルを1つ下げます（ActiveCell.Offset(1, 0).Range("A1").Select）．

最初から条件が満たされない場合（ここでは最初のセルが空白である場合）は，何も処理を行ないません．

　Do…Loop ステートメントは，条件の与え方によって，次の4つに分けられますので，目的に応じて使い分けます．

① Do While 条件式
　　　処理を行なうステートメント
　　Loop

最初に条件式を判断し，条件が満足される場合，Loop までの処理を行ないます．最初から条件が満たされない場合は何も処理を行ないません．

② Do
　　　処理を行なうステートメント
　　Loop While 条件式

処理を行ない最後に条件を判断し，条件が満足される場合，Loop までの処理を続けます．最初から条件が満たされない場合でも，1回は処理が行なわれます．

③ Do Until 条件式
　　　処理を行なうステートメント
　　Loop

最初に条件式を判断し，条件が満足されるまで（すなわち，条件が満足されない間）処理を行ないます．最初から条件が満足される場合は，何も処理を行ないません．

④ Do
　　　処理を行なうステートメント

Loop Until 条件式

処理を行ない，最後に条件式を判断し，条件が満足されるまで（条件が満たされない間），Loop までの処理を続けます．最初から条件が満たされる場合でも，1回は処理が行なわれます．

ActiveCell.Offset(2, 0).Range("A1").Select
ActiveCell.Range("A1")="個数"
ActiveCell.Offset(1, 0).Range("A1").Select
ActiveCell.Range("A1")=i
ActiveCell.Offset(1, 0).Range("A1").Select
ActiveCell.Range("A1")="合計"
ActiveCell.Offset(1, 0).Range("A1").Select
ActiveCell.Range("A1")=Sum
End Sub

――セルの個数，合計を出力します．各ステートメントの意味はこれまで通りです．

Excel に戻り，このマクロが正しく作動することを確認してください．これで，2章を終了しますので，**EX2** と名前を付けてファイルを保存してください．（本章の内容は付録 CD-ROM に 2 章.xls として保存されています．）

## 2.6 演習問題

1．A11 から B13 までの 3 行×2 列の範囲のデータを入力し，その合計を求めるマクロ/プロシージャを作成してください．
2．Sub Total6 を，セルが空白となるか，または，セルの値が負の値となるまでの範囲の合計を求めるように変更してください．

# 3. Excel の関数,インプットボックス,ユーザーインターフェースの使用

## 3.1 Excel ワークシート関数

VBA では,Excel で用意されているワークシート関数を使うことができます.Excel のワークシート関数を使って,指定した範囲の最大値,最小値,平均,分散,標準偏差,中央値などを求めてみましょう.新規のブックを開いてください.Sheet1 の A1 から B5 までに次の値を入力してください.

```
3   2
2   1
1   4
3  -1
4   2
```

まず,この範囲の最大値を求めるマクロをつくってみましょう.[ツール(T)]→[マクロ(M)]→[Visual Basic Editor(E)] をクリックして,Visual Basic Editor を起動してください.[挿入(I)]→[標準モジュール(M)] をクリックして,Module1 を挿入し,次のプロシージャを入力してください.

```
Sub Summary()
Dim Max As Single
   Max=Application.Max(Range("A1:B5"))
   Range("A11")="最大値"
   Range("B11")=Max
End Sub
```

このプロシージャでは,Max=Application.Max(Range("A1:B5")) で Excel のワークシート関数を使って,A1 から B5 までの最大値を求めています.VBA で Excel のワークシート関数を使うには,必ず,Application. を付ける必要が

あります．Application. を付けずに Max＝Max(Range("A1:B5")) とすると，エラーとなります．関数の参照範囲は，Range プロパティを使って，Range("A1:B5") のように指定します．Excel に戻り，このマクロを実行してください．A11 に「最大値」，B11 に最大値の 4 が出力されます．

次に，Visual Basic Editor に戻り，最大値の他，最小値，平均，分散，標準偏差，中央値などを計算するようにしてみましょう．このプロシージャを次のように変更してください．

```
Sub Summary()
Dim DataRange As String
Dim Max As Single, Min As Single, Ave As Single, Var As Single
Dim Std As Single, Med As Single
    DataRange="A1:B5"
    Max=Application.Max(Range(DataRange))
    Min=Application.Min(Range(DataRange))
    Ave=Application.Average(Range(DataRange))
    Var=Application.Var(Range(DataRange))
    Std=Application.StDev(Range(DataRange))
    Med=Application.Median(Range(DataRange))
Range("A11")="最大値"
Range("B11")=Max
Range("A12")="最小値"
Range("B12")=Min
Range("A13")="平均"
Range("B13")=Ave
Range("A14")="分散"
Range("B14")=Var
Range("A15")="標準偏差"
Range("B15")=Std
Range("A16")="中央値"
Range("B16")=Med
End Sub
```

Excel ワークシート関数の参照範囲を "A1:B5" のように指定するのでは，参照

範囲を変えることなどが簡単にできません．このプロシージャでは，
　Dim DataRange As String
でDataRangeをデータタイプが文字型の変数として宣言し，
　DataRange＝"A1:B5"
で参照するデータ範囲をその変数に格納しておきます．Range(DataRange)とすれば，以後はこの範囲が参照されます．このステートメントを変更するだけで別の範囲を参照することができます．Excelに戻り，このマクロを実行してください．A11から最大値，最小値，平均，分散，標準偏差，中央値の計算結果が出力されます．

　いままでは，現在使われているワークシート（これをカレントワークシートと呼びます）からデータの入力を行なってきましたが，「Sheet1」からデータを入力し，「Sheet2」へ最大値などの計算結果を出力するように，このプロシージャを変更してみます．DataRange＝"A1:B5"とMax＝Application.Max(Range(DataRange))の間に
　**Worksheets("Sheet1").Select**
と入力してください．これは，「Sheet1」を選択する命令で，カレントワークシートがどのワークシートであっても，「Sheet1」が選択され，「Sheet1」から入力が行なわれます．次にMed＝Application.Median(Range(DataRange))とRange("A11")＝"最大値"の間に
　**Worksheets("Sheet2").Select**
と入力してください．「Sheet2」が選択され，最大値などの計算結果が「Sheet2」のB11から出力されます．Excelに戻り，「Sheet3」を選択し，このマクロを実行してください．「Sheet2」に変わり（処理が速すぎてわかりませんが，「Sheet1」に一度変わり入力が行なわれています），A11から計算結果が出力されます．

## 3.2　インプットボックスの使用

　現在のプロシージャではデータ範囲を
　DataRange＝"A1:B5"
として指定しています．これでは別の範囲を参照するなどの場合，いちいち，このステートメントを書き換える必要が生じ不便です．ここでは，インプットボックスを使ってデータ範囲を入力するように，このプロシージャを変更してみま

す．Sub Sum1() と入力し Summary のコードを複写してください．DataRange
="A1:B5" を消去し，その代わりに，

**Dim Msg As String, Title As String**
**Msg="データの範囲を入力して下さい."**
**Title="データ範囲入力"**
**DataRange＝InputBox(Msg, Title)**

の 4 行を入力してください（図 3.1）．ここでは，Msg と Title の 2 つの変数が文字型であることを宣言し，次に，Msg, Title に「データの範囲を入力して下さい．」，「データ範囲入力」という文字列を入力します．これらはインプットボックスに表示される文字列となります．DataRange＝InputBox(Msg, Title) は，インプットボックスからの表示，入力を行なうステートメントで，Msg と

```
Sub Sum1()
Dim DataRange As String
Dim Max As Single, Min As Single, Ave As Single, Var As Single
Dim Std As Single, Med As Single
Dim Msg As String, Title As String
    Msg = "データの範囲を入力して下さい."         ┐
    Title = "データ範囲入力"                      ├ この4行を挿入する
    DataRange = InputBox(Msg, Title)            ┘
Worksheets("Sheet1").Select
  Max = Application.Max(Range(DataRange))
  Min = Application.Min(Range(DataRange))
  Ave = Application.Average(Range(DataRange))
  Var = Application.Var(Range(DataRange))
  Std = Application.StDev(Range(DataRange))
  Med = Application.median(Range(DataRange))
Worksheets("Sheet2").Select
Range("A11") = "最大値"
Range("B11") = Max
Range("A12") = "最小値"
Range("B12") = Min
Range("A13") = "平均"
Range("B13") = Ave
Range("A14") = "分散"
Range("B14") = Var
Range("A15") = "標準偏差"
Range("B15") = Std
Range("A16") = "中央値"
Range("B16") = Med
End Sub
```

図 3.1　インプットボックスからデータの入力範囲を指定できるようにする．

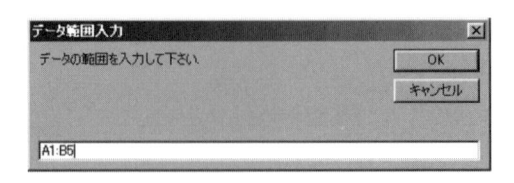

図 3.2　「Sum1」を実行すると，インプットボックスが現れるので，データの範囲を入力する．

Titleに格納された文字列がインプットボックスに表示されます．インプットボックスからの入力結果は，DataRangeに格納され，以下，これまでと同様の処理が行なわれます．ExcelのSheet1に戻り，このマクロを実行してください．「データ範囲入力」，「データの範囲を入力して下さい．」と表示されたボックスが現れますので，下部のボックスに **A1:B5** と入力して［OK］をクリックしてください．SheetlのA1からB5のデータの最大値，最小値などの計算が行なわれ，その結果がSheet2のA11からの範囲に出力されます（図3.2）．

## 3.3 ユーザーフォームの使用

前節では，インプットボックスを使用し，データの入力範囲を指定しました．ここでは，さらに，結果の出力の指定も，Excelに現れるボックスから入力できるようにします．このためには，ユーザーフォームを使用します．Visual Basic Editorに切り替えてください．まず，Excelに表示されるボックスを作成します．［挿入(I)］→［ユーザーフォーム(U)］を選択してください．「UserForm1」と表示されたボックスが現れます．UserForm1のプロパティのCaptionをクリックし，いまある「UserForm1」を消去し，**データの解析**としてください．ボックスの上部のタイトルが「データの解析」に変わります（図3.3～3.5）．

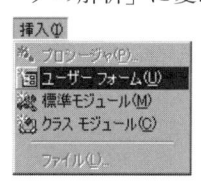

図 3.3 ［挿入(I)］→［ユーザーフォーム(U)］をクリックすると，ユーザーフォームが挿入され，そのボックスが現れる．

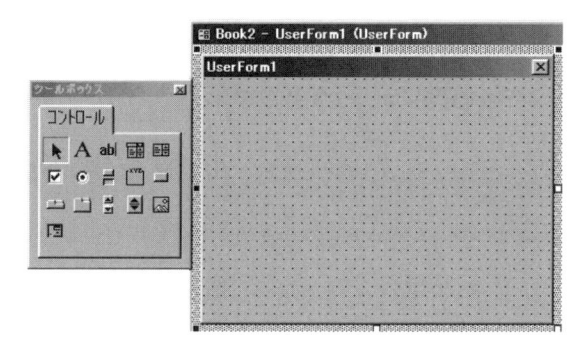

図 3.4 ユーザーフォームのボックス

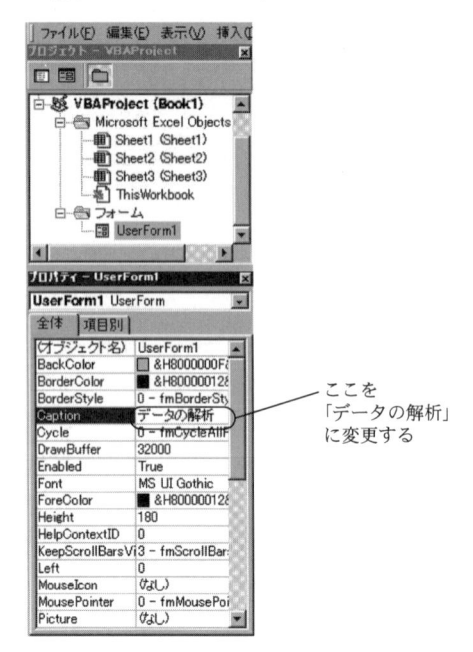

図 3.5 画面左下部にある「プロパティ-UserForm1」の [Caption] をクリックして，「UserForm1」を「データの解析」に変更する．

次に「データの解析」のボックスをクリックしてください．「ツールボックス」が現れますので，ラベルのボタンの [A] をクリックし，そのまま（マウスの左側のボタンを押したまま），「データの解析」のボックスの上部の適当な位置にドラッグしてください．「Label1」と表示されたラベルが現れますので，これをクリックしてラベルを**データの入力範囲**と変更してください．「データの解析」のボックスをクリックすると，再び「ツールボックス」が現れます．同様に「ツールボックス」のラベルのボタンの [A] をドラッグして，この下側に「Label2」のボックスをつくり，**結果の出力先**とラベルを変更してください（図 3.6, 3.7）．

次に，「ツールボックス」の ab| と書かれた [テキストボックス] をドラッグして，「データの入力範囲」の隣にテキストボックスを作成します．ボックスに現れている四角い点をドラッグするとボックスの大きさを変更できますので，適当な大きさに変更してください．再び，「ツールボックス」の [テキストボックス] をドラッグして，「結果の出力先」の隣にテキストボックスをつくってください（図 3.8）．（テキストボックスは，必ず「データの入力範囲」からつくって

3.3 ユーザーフォームの使用　　　37

[ラベル]のボタン

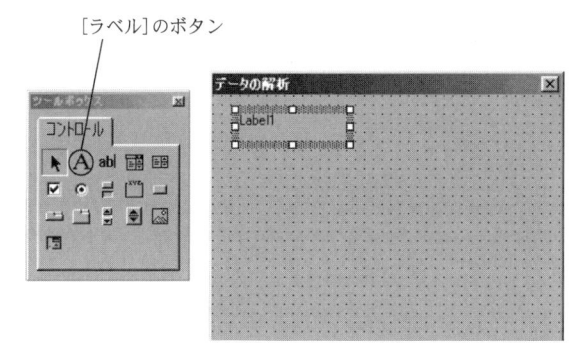

図 3.6 「データの解析」のボックスをクリックすると，ボックスがアクティブになり，「ツールボックス」が現れる．[ラベル]（[ツールボックス]の[A]のボタン）を「データ解析」のボックスの上部にドラッグすると，「Label1」と表示されたボックスが現れる．

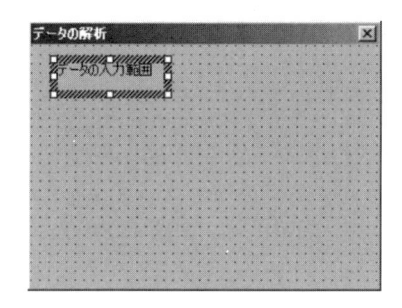

図 3.7 「Label1」のボックスをクリックして，表示を「データの入力範囲」とする．

[テキストボックス]のボタン

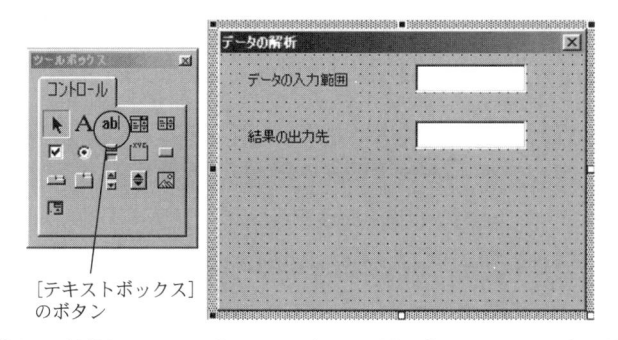

図 3.8 「データ解析」のボックスをクリックすると，再び「ツールボックス」が現れる．[ラベル]をドラッグして「Label2」のボックスをつくり，その表示を「結果の出力先」とする．「ツールボックス」のテキストボックス（図中の[ab|]のボタン）をドラッグして，「データの入力範囲」と「結果の出力先」の隣に2つのテキストボックスをつくる．この際，テキストボックスは，「データの入力範囲」から先に作成する．

3. Excel の関数,インプットボックス,ユーザーインターフェースの使用

ください.)

　ツールボックスの[コマンドボタン]をクリックして「データの解析」のボックスの下部でクリックし,コマンドボタンを作成します.現れている文字の[CommandButton1]をクリックして,これを**完了**に変更します.「データの解析」のボックス上でマウスの右側のボタンをクリックし,[タブオーダー(A)]を選択します.TextBox1 をクリックし,[上に移動(U)]をクリックして一番上に移動します.さらに,TextBox2 が2番目,CommandButton1 が3番目となるようにタブオーダーを変更し,[OK]をクリックします(図3.9〜3.11).

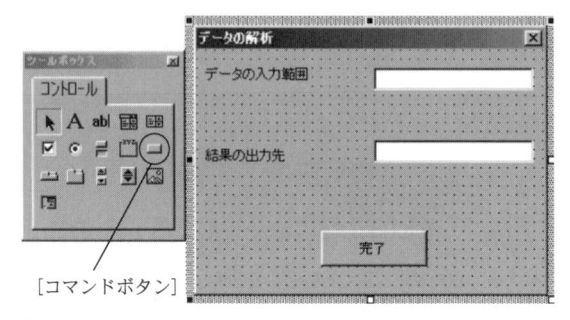

図 3.9　[ツールボックス]の[コマンドボタン]をドラッグして,「データ解析のボックス」下部に「コマンドボタン」を作成し,表示を「完了」とする.

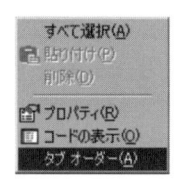

図 3.10　「データの解析」のボックス上でマウスの右側のボタンをクリックすると,「プロパティ」のメニューが現れるので,[タブ オーダー(A)]を選択する.

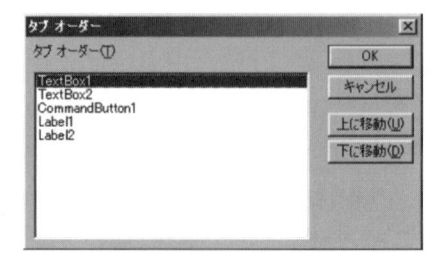

図 3.11　「タブ オーダー」のボックスが現れるので,[上に移動(U)],[下に移動(D)]のボタンをクリックしてタブオーダーを設定し,[OK]をクリックする.

次に，この「UserForm1」で行なうことを指定します．メニューバーから［表示(V)］→［コード(C)］を選択してください．UserForm1のコードのモジュールが現れます．上部の左側のボックスの右端の下向きの矢印をクリックして，このとき現れるリストの中から［CommandButton1］をクリックしてください（図3.12，3.13）．

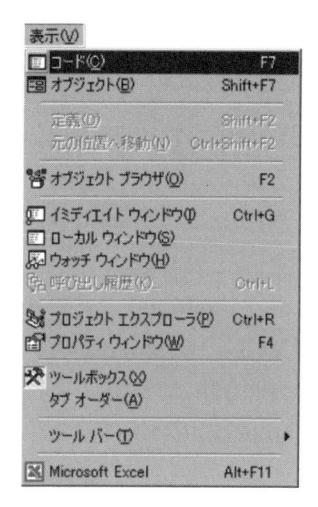

図 3.12　［表示(V)］→［コード(C)］をクリックする．

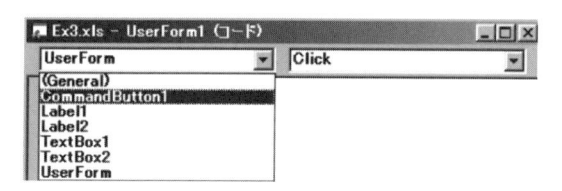

図 3.13　UserForm1のコードのモジュールが現れるので，上部左側のボックスの矢印をクリックし，現れるリストの中から，［CommandButton1］をクリックする．

Private Sub CommandButton1_Click()

End Sub

というコードの表示が現れます．これは，先ほど作成したコマンドボタンのCommandButton1がクリックされた場合に行なわれるプロシージャです．（_Clickはボタンがクリックされることを意味しています．）なお，このプロシージャはこれまでと異なり，Private Subではじまっています．Privateは，こ

```
┌─ Ex3.xls - UserForm1 (コード) ──────────────┐
│ CommandButton1    ▼   Click                │
├────────────────────────────────────────────┤
│ Private Sub CommandButton1_Click()         │
│ Dim DataRange As String, OutRange As String│
│    DataRange = UserForm1.TextBox1.Text     │
│    OutRange = UserForm1.TextBox2.Text      │
│    Call Calculate(DataRange, OutRange)     │
│    Unload UserForm1                        │
│ End Sub                                    │
└────────────────────────────────────────────┘
```

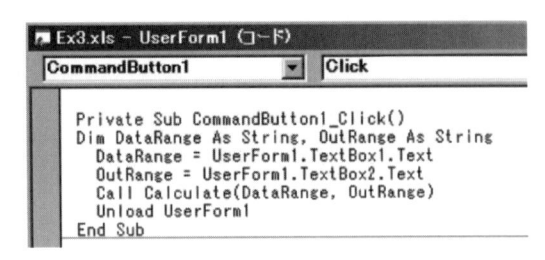

図 3.14　Private Sub CommandButton1_Click() に対応するコマンドボタンがクリックされた場合，実行されるコードを入力する．

のプロシージャがこのユーザーフォームの中でのみ参照することができることを示しています．（ただ単にSubではじまるプロシージャーは，どこからでも参照可能です．）これを

**Private Sub CommandButton1_Click()**
**Dim DataRange As String, OutRange As String**
　**DataRange＝UserForm1.TextBox1.Text**
　**Outrange＝UserForm1.TextBox2.Text**
　**Call Calculate(DataRange, OutRange)**
　**Unload UserForm1**
**End Sub**

としてください（図3.14）．各ステートメントの意味は次の通りです．

Dim DataRange As String, OutRange As String
DataRange＝UserForm1.TextBox1.Text
Outrange＝UserForm1.TextBox2.Text
――DataRange, OutRange のデータタイプを文字型とし，作成した2つのテキストボックスに入力された範囲を表す文字列をそれぞれの変数に格納します．UserForm1.TextBox1 はユーザーフォーム UserForm1 の最初のテキストボックスを意味し，Text は入力されるデータが文字型であることを示しています．

Call Calculate(DataRange, OutRange)
――ここでは，DataRange, Outrange（すなわち，入力・出力する範囲を与える変数）を引数として計算を行なうプロシージャ Calculate を呼び出します．引数を伴う場合は，Call プロパティを使い，Call プロシージャ名（引数のリスト）

とする必要があります．

Unload UserForm1
――ここはこのユーザーフォームの表示を終了するステートメントで，これがないと，表示が現れたままになり，マクロを終了することができなくなってしまいます．

　次に Calculate プロシージャを入力します．「Module1」を表示するために，画面右上の［プロジェクト-VBAProject］の［標準モジュール］の［Module1］をクリックしてください．（［標準モジュール］にモジュールが表示されていない場合は，［標準モジュール］をダブルクリックしてください．作成したモジュールが表示されますので，［Module1］をクリックしてください．なお，Excel のブックに含まれるモジュール，および，ユーザーフォーム全体をプロジェクトと呼びます．）［表示(V)］→［コード(C)］をクリックすると，「Module1」が表示されます．再び，ユーザーフォーム［UserForm1］の変更を行ないたい場合は，［プロジェクト-VBAProject］の［フォーム］の［UserForm1］をクリックし，［表示(V)］→［オブジェクト(B)］や［表示(V)］→［コード(C)］を選択します（図 3.15, 3.16）．（［フォーム］に［UserForm1］が表示されていない場合は，［フォーム］をダブルクリックします（図 3.17）．）
　では，「Module1」に次のコードを入力してください．

```
Sub Calculate(DataRange As String, OutputRange As String)
  Dim Max As Single, Min As Single, Ave As Single, Var As Single
  Dim Std As Single, Med As Single
  Dim RanData As Range
  Set RanData=Range(DataRange)
    Max=Application.Max(RanData)
    Min=Application.Min(RanData)
    Ave=Application.Average(RanData)
    Var=Application.Var(RanData)
    Std=Application.StDev(RanData)
    Med=Application.median(RanData)
  Range(OutputRange).Select
```

42    3. Excelの関数，インプットボックス，ユーザーインターフェースの使用

図 3.15 「Module1」を表示するためには，画面左上にある［プロジェクト-VBAProject］の［標準モジュール］の［Module1］をクリックする．［標準モジュール］に［Module1］が表示されていない場合は，［標準モジュール］をダブルクリックする．

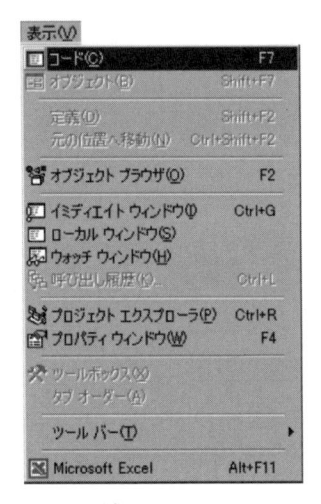

図 3.16 ［表示(V)］→［コード(C)］をクリックすると，Module1が表示される．

図 3.17 再び作成したユーザーフォーム「UserForm1」の変更を行ないたい場合は，［プロジェクト-VBAProject］での［フォーム］の［UserForm1］をクリックし，［表示(V)］→［オブジェクト(B)］や［表示(V)］→［コード(C)］を選択する．［フォーム］に「UserForm1」が表示されていない場合は，［フォーム］をダブルクリックする．

```
Call Output("最大値", Max)
Call Output("最小値", Min)
Call Output("平均", Ave)
Call Output("分散", Var)
Call Output("標準偏差", Std)
Call Output("中央値", Med)
End Sub


Private Sub Output(name As String, x As Single)
ActiveCell.Range("A1")=name
ActiveCell.Offset(0, 1).Range("A1").Select
ActiveCell.Range("A1")=x
ActiveCell.Offset(1, −1).Range("A1").Select
End Sub
```

2つのプロシージャのうち，Calculate は最大値などを計算するプロシージャで，入力範囲と出力先を示す2つの文字型変数を引数としています．引数は，プロシージャ名の後のカッコ内に

　変数名 As データタイプ

として宣言します．このプロシージャを呼び出した側での変数のデータタイプと一致していないとエラーとなります．また，この例では，呼び出す側（Call Calculate(DataRange, OutRange)）と変数名が一致していますが，同一のデータタイプであれば変数名は同じである必要はありません．次に，これまでと同様，変数の宣言を行なっていますが，

　Dim RanData As Range

では，RanData を範囲を表す変数として宣言し，

　Set RanData=Range(DataRange)

で，RanData に DataRange で指定された範囲を割り当てます．範囲を割り当てるには，Set を使う必要があります．Set を使わず，RanData=Range(DataRange) とするとエラーとなります．以後は，Range プロパティを使う必要はなく，Max=Application.Max(RanData) などとすれば，最大値などの計算を行なうことができます．

　Range(OutputRange).Select

で，OutRange で指定された出力の先頭を表すセルにアクティブセルを移動します．さらに

　Call Output("最大値", Max)

などで，結果の出力を行ないます．結果の出力は同様の処理の繰り返しですので，サブルーチンとして別のプロシージャにしておきます．項目名を" "で囲んだものと，その計算値を引数として与えます．

　2つ目のプロシージャである Sub Output は，出力を行ないます．このモジュール内で使用できればよいので，先頭に Private を付けて，Private Sub Output (…) としています．Private を付けると，ほかのモジュールからは参照することはできません．異なったモジュールに多くのプロシージャがある場合などには，参照関係が煩雑になるのを避けることができます．また，引数は「最大値」などの項目名とその計算値で，それぞれ文字型，単精度浮動小数点型ですので，カッコ内で宣言します．ここでは，まず，

　ActiveCell.Range("A1") = name

で項目をアクティブセルに出力し，

　ActiveCell.Offset(0, 1).Range("A1").Select

で右隣にアクティブセルを移動します．さらに，計算結果を

　ActiveCell.Range("A1") = x

でアクティブセルに出力し，

　ActiveCell.Offset(1, −1).Range("A1").Select

でアクティブセルを左に1つ，下に1つ動かし，左斜め下に移動します．

　最後に，ユーザーフォームの「UserForm1」を起動するプロシージャを作成します．

**Sub Summary2()**
**UserForm1.Show**
**End Sub**

と入力してください．このプロシージャによって，これまで「UserForm1」が作動します．

　これでマクロが完成しましたので，Excel の「Sheet1」に戻ってください．メニューバーから［マクロ(M)］→［マクロ(M)］をクリックし，マクロのリストから「Summary2」を選択し，［実行(R)］をクリックしてこのマクロを実行して

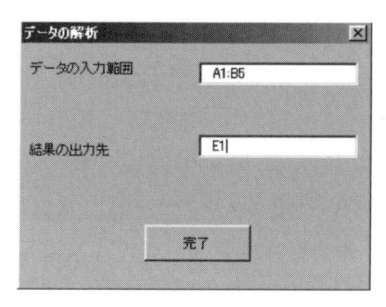

図 3.18 「Summary2」を実行すると，作成した「データの解析」のボックスが現れるので，「データの入力範囲」，「結果の出力先」を指定し，[完了] のボタンをクリックすると，データの分析が実行され，結果が指定した範囲に出力される．

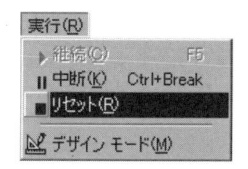

図 3.19 これまで入力したコードに誤りがあったり，Unload ステートメントが入力されていなかったりすると，ボックスの表示が消えずマクロを終了できなくなってしまうことがある．このような場合は，Visual Basic Editor に切り替えて，[実行(R)]→[リセット(R)] をクリックする．

ください．「データの解析」と書かれたボックスが現れます．[データの入力範囲] に **A1:B5** と入力し，[Enter] キーを押すか，マウスで「結果の出力先」をクリックしてください．入力ポイントが「結果の出力先」へ移動しますので，**E1** と入力し，[完了] のボタンをクリックしてください．E1 からデータの分析結果が出力されます．なお，これまで入力したコードに誤りがあったり，Unload ステートメントが入力されていなかったり，実行時にエラーが起こったりすると，ボックスの表示が消えず，マクロを終了できなくなってしまうことがあります．このような場合は，Visual Basic Editor に切り替えて，[実行(R)]→[リセット(R)] をクリックしてください（図 3.18, 3.19）．（本章の結果は，付録 CD-ROM に 3 章.xls として保存されています．）

## 3.4 演習問題

1. 歪度 $a_3$ は，分布の非対称度を表す指標で，

$$a_3 = \frac{n}{(n-1)(n-3)} \Sigma \left( \frac{X_i - \bar{X}}{s} \right)^3$$

で計算されます．分布が平均に対して対称の場合は0，正の場合は右の裾が，負ならば左の裾が長くなっています．また，尖度 $a_4$ は，正規分布に比較しての分布の中心の周囲の尖り具合を表し，

$$a_4 = \frac{n(n+1)}{(n-1)(n-2)(n-3)} \Sigma \left(\frac{X_i - \bar{X}}{s}\right)^4 - \frac{3(n-1)^2}{(n-2)(n-3)}$$

で計算されます．正規分布の場合0，正規分布より尖っている場合，正の値，尖っていない場合，負の値となります．歪度を計算する Excel のワークシート関数は SKEW，尖度を計算する関数は KURT です．データの歪度・尖度も計算されるように本章で作成したプロシージャを変更してください．

2．入力先だけでなく，出力先の先頭のセルもインプットボックスから入力し，結果がそのセルから書き出されるように Sub Sum1 を変更してください．

3．指定された範囲に含まれるデータを2つの異なった出力先に同時に複写できるプロシージャ・ユーザーフォームを作成してください．（文字・数字データの両方を扱えるように使う変数は Variant 型としてください．）

# 4. 乱数によるシミュレーション

　各種の統計分析では，目的とする確率分布にしたがう乱数を発生させることが重要になっています．ここでは，いくつかの基本的な分布にしたがう乱数を発生させるマクロを作成します．VBAで発生させることができるのは，0から1までの各値を等しい確率で取る乱数，すなわち $[0,1]$ の一様分布にしたがう一様乱数です．コンピュータでは乱数を一定の公式にしたがって発生させますので，完全にランダムなものにはなりません．したがって，このような乱数は擬似乱数と呼ばれることもあります．（もっとも，本書のレベルでは，その差は無視でき，ほぼ完全な乱数と見なすことが可能です．）ほかの分布にしたがう乱数は，この一様乱数を使って発生させます．ここでは，確率変数・確率分布の基礎と基本的な確率分布として二項分布，ポアソン分布，指数分布，一様分布，標準正規分布について簡単に説明し，次にそれらの分布にしたがう乱数を発生させてみます．さらに，確率論の最も重要な定理である「大数の法則」と「中心極限定理」についてシミュレーションを通して学習します．（なお，本書の性格上，確率分布についての説明は必要最小限に留めましたので，詳細は，東京大学教養学部統計学教室編「統計学入門」などを参照してください．）

## 4.1 確率変数と確率分布

### 4.1.1 離散型の確率変数

　1枚のコインがあり，形の歪みなどがなく，投げた場合，表裏とも同じに出やすい，すなわち，いずれも確率1/2であるとします．コインを投げて，表が出ると1点，裏が出ると0点とします．$X$ をコイン投げの結果とすると，$X$ は0を確率1/2で，1を確率1/2で取ることになります．このように，取りうる値ごとに，その確率が与えられている変数を，確率変数と呼びます．確率変数は大文字を使って表します．また，このコインを2度投げて，その合計得点を考えるとすると，取りうる値は，0, 1, 2となり，その確率は $(1/4, 1/2, 1/4)$ となります．

一般に確率変数 $X$ が $k$ 個の異なる値 $\{x_1, x_2, \cdots, x_k\}$ を取る場合，確率変数は離散型 (discrete type) と呼ばれます．($k$ は無限大である場合もありますが，取りうる値が自然数 $\{0, 1, 2, \cdots\}$ などのように，とびとびで数えられる可算集合である必要があります．) $X = x_i$ となる確率

$$P(X=x_i) = f(x_i), \quad i = 1, 2, \cdots, k \tag{4.1}$$

を $X$ の確率分布と呼びます．ここまでは，$x_i$ と取りうる値に添え字を付けましたが，以後は表記と説明を簡単にするために添え字を省略して，取りうる値を，ただ単に $x$ と表します．各点における確率は $x$ の関数ですので，$f(x)$ は確率関数とも呼ばれます．

また，確率変数 $X$ がある値 $x$ 以下である確率

$$F(x) = P(X \leq x) \tag{4.2}$$

を累積分布関数 (cumulative distribution function) と呼びます．離散型の確率変数の場合，

$$F(x) = \sum_{u \leq x} f(u) \tag{4.3}$$

です．$\sum_{u \leq x}$ は $x$ 以下の取りうる値に対する和を表しています．$X$ の取りうる値以外でも，$F(x)$ はすべての値に関して定義可能で，取りうる値で階段状にジャンプしています．

確率分布の特徴を表すものとして広く使われるのものに期待値と分散があります．期待値 (expected value) は，

$$E(X) = \sum_x x f(x) \tag{4.4}$$

で定義されます．$\sum_x$ はすべての取りうる値での和を表しており，期待値は取りうる値の確率を重みとした加重平均となっています．なお，以後，一般的な表示方法にしたがい，期待値を $\mu$ で表すことにします．分散 (variance) は，

$$V(X) = \sum_x (x - \mu)^2 f(x) \tag{4.5}$$

で定義され，$(x - \mu)^2$ の重み付き平均となっています．以後，分散は $\sigma^2$ で表します．また，分散 $\sigma^2$ の平方根 $\sigma$ を標準偏差と呼びます．

### 4.1.2 連続型の分布

確率変数 $X$ が長さ，重さ，面積などの連続する変数の場合，取りうる値は無限個あります．(無限といっても，自然数の集合のように，数えられる可算集合

でなく，数えられないほど点の密度が高い無限です.) 取りうる各点に確率を与えていく方式では，すべての点の確率が0となってしまい，先ほどのようには定義できません．このような変数を連続型 (continuous type) の確率変数と呼びます．連続型の確率変数では，小さなインターバルを考えて，$X$ が $x$ から $x+\Delta x$ の間に入る確率 $P(x<X\leq x+\Delta x)$ を考えます．この値は $\Delta x$ を小さくすると0へ収束してしまいますので，$\Delta x$ で割って $\Delta x \to 0$ とした極限を $f(x)$ とします．すなわち，

$$f(x)=\lim_{\Delta x\to 0}P(x<X\leq x+\Delta x)/\Delta x \qquad (4.6)$$

です．$f(x)$ は確率密度関数と呼ばれ，$X$ が $a$ と $b$ ($a$ と $b$ は $a<b$ を満足する任意の定数です) の間に入る確率は，$f(x)$ を定積分して

$$P(a<X\leq b)=\int_a^b f(x)\,dx \qquad (4.7)$$

で与えられます．

また，累積分布関数 $F(x)=P(X\leq x)$ は

$$F(x)=\int_{-\infty}^x f(u)\,du \qquad (4.8)$$

で，期待値 $\mu$ および分散 $\sigma^2$ は，

$$\mu=\int_{-\infty}^{\infty}xf(x)\,dx, \qquad \sigma^2=\int_{-\infty}^{\infty}(x-\mu)^2 f(x)\,dx \qquad (4.9)$$

で与えられます．分散の平方根 $\sigma$ は離散型の場合と同様，標準偏差と呼ばれます．

### 4.1.3 基本的な確率分布

ここでは，基本的な分布の例として，二項分布，ポアソン分布，指数分布，一様分布，正規分布について説明します．

#### a. 二項分布

表の出る確率が $p$，裏の出る確率が $q=1-p$ であるコインを投げて，表が出ると1点，裏が出ると0点とします．(このような試行をベルヌーイ試行と呼びます.) このコインを $n$ 回投げたとします．その合計得点を $X$ とすると，取りうる値は $x=0, 1, 2, \cdots, n$ ですが，各点に対する確率は，

$$f(x)={}_nC_x p^x q^{n-x}={}_nC_x p^x(1-p)^{n-x} \qquad (4.10)$$

で与えられます．この分布を二項分布 (binomial distribution) と呼び $Bi(n,p)$

で表します. 二項分布では, 期待値が $\mu = np$, 分散が $\sigma^2 = np(1-p)$ となっています.

### b. ポアソン分布

一定量 (たとえば 1 kg) のウランのような半減期の長い元素があったとし, 一定の観測時間内に何個の原子が崩壊するか, その分布について考えてみましょう. 個々の原子が観測時間内に崩壊する確率は非常に小さいのですが, 非常に多くの原子があるため, 適当な長さの観測時間を取れば, その時間内にいくつかの原子の崩壊が記録されます.

このように二項分布において, 対象となる $n$ が大きいが, 起こる確率 (生起確率) $p$ が小さく, 両方が釣り合って $n \cdot p = \lambda$ を満足するケースを考えてみましょう. この場合, $X$ の確率分布を二項分布から求めることは非常に困難ですが, $n \to \infty$, $p \to 0$ となった極限 ($n \cdot p = \lambda$ は極限でも満足されるとします) の分布は, ポアソンの小数の法則から

$$f(x) = \frac{e^{-\lambda} \lambda^x}{x!}, \quad x = 0, 1, 2, \cdots \quad (4.11)$$

となることが知られています. この分布をポアソン分布と呼びます. ポアソン分布は二項分布の極限ですが, ポアソン分布は $\lambda$ のみに依存しますので, $n$ と $p$ を個別に知る必要はありません.

ポアソン分布は, 事故の発生件数, 不良品数, 突然変異数など, 個々の生起確率は小さいが分析対象が多くの要素からなる場合の分析に, 自然科学, 社会科学の分野を問わず, 広く用いられています. ポアソン分布は期待値が $\mu = \lambda$, 分散が $\sigma^2 = \lambda$ で, 期待値と分散が一致しています.

### c. 指 数 分 布

放射性の原子があったとします. 指数分布 (exponential distribution) は, その原子が崩壊するまでの時間の分布を表します. 確率密度関数は

$$\begin{aligned} f(x) &= a \cdot e^{-ax}, \quad x \geq 0, \\ &= 0, \quad x < 0 \end{aligned} \quad (4.12)$$

$$\begin{aligned} F(x) &= 1 - e^{-ax}, \quad x \geq 0, \\ &= 0, \quad x < 0 \end{aligned}$$

で, 期待値 $\mu$ と分散 $\sigma^2$ は

$$\mu = \frac{1}{a}, \quad \sigma^2 = \frac{1}{a^2} = \mu^2 \quad (4.13)$$

となります．$x$ までに崩壊しない生存確率は $1-F(x)=e^{-ax}$ ですので，$\mu$ だけ時間がたつと，生存確率は $1/e=1/2.7182\cdots=0.3678\cdots$ となります．放射性の原子の場合，$\mu$ は平均寿命と呼ばれています．

ところで，先ほど説明したポアソン分布は，個々の生起確率は非常に小さいが，対象とする集団の構成要素数が非常に大きい場合に，一定の観測時間内にある現象が起こる回数の分布でしたが，指数分布は目的のことが起こってから，次に起こるまでの時間の分布を表しています．

### d. 一様分布

一様分布（uniform distribution）は，区間 $[a, b]$ の各値（正確には小さなインターバル）を等しい確率で取る分布で，確率密度が

$$f(x)=\frac{1}{b-a}, \quad a \leq x \leq b \qquad (4.14)$$
$$=0, \qquad x<a,\ b<x$$

で与えられる分布です．期待値および分散は $\mu=(a+b)/2$，$\sigma^2=(b-a)^2/12$ となります．このうち，$a=0$，$b=1$，すなわち，区間 $[0,1]$ の一様分布は，特に重要で，Excel や VBA には，この分布にしたがう乱数を発生させる関数が組み込まれています．ほかの分布にしたがう乱数はこの一様乱数をもとにして発生させます．

### e. 正規分布

正規分布（normal distribution）は，統計学で用いられる最も重要な分布の 1 つで，自然科学，社会科学の多くの現象がこの分布に当てはまるばかりでなく，多くの統計学の理論が正規分布や正規分布から派生する分布に基づいています．

正規分布の確率密度関数は

$$f(x)=\frac{1}{\sqrt{2\pi}\sigma}\exp\left[\frac{-(x-\mu)^2}{2\sigma^2}\right] \qquad (4.15)$$

で，期待値は $\mu$，分散は $\sigma^2$ で，期待値 $\mu$ に対して，左右対称のきれいな山形の分布となっています．期待値 $\mu$，分散 $\sigma^2$ の正規分布を $N(\mu, \sigma^2)$ と表します．特に $\mu=0$，$\sigma^2=1$ の正規分布 $N(0,1)$ を標準正規分布と呼び，その確率密度関数を $\phi(x)$ で表します．

この分布では確率密度関数が複雑であるため，それを積分した累積分布関数は解析的に関数として書くことができませんが，非常に高精度の計算式が開発されており，累積分布関数の値を簡単に求めることができます．

## 4.2 乱数発生のプロシージャ

### 4.2.1 二 項 乱 数

$[0,1]$ の一様乱数 $u$ を使って,二項分布にしたがう乱数を発生させてみます. $u<p$ の場合 1,$u \geq p$ の場合 0 とすると,これは確率 $p$ で 1,確率 $1-p$ で 0 となります.これを $n$ 回繰り返して,その合計を求めれば,$Bi(n, p)$ の二項乱数となります.

Excel を起動してください.$n=5$,$p=0.5$ の二項乱数を 200 個発生させるマクロを作成しますので,Visual Basic Editor へ切り替え,[挿入(I)]→[標準モジュール(M)] をクリックして,Module1 を挿入し,次のコードを入力してください.

```
Sub GenBiRnd()
Dim NumRnd As Integer, n As Integer, p As Single
Dim i As Integer, k As Integer
NumRnd=200
n=5
p=0.5
  For i=1 To NumRnd
  k=BiRnd(n, p)
  ActiveCell=k
  ActiveCell.Offset(1, 0).Range("A1").Select
  Next i
End Sub


Function BiRnd(n As Integer, p As Single) As Integer
Dim i As Integer, k As Integer
k=0
  For i=1 To n
  k=k+Bern(p)
  Next i
BiRnd=k
End Function
```

```
Function Bern(p As Single) As Integer
Dim a As Single
a=Rnd
  If a<p Then
  Bern=1
  Else
  Bern=0
  End If
End Function
```
各コードの意味は次の通りです．

```
Sub GenBiRnd()
Dim NumRnd As Integer, n As Integer, p As Single
Dim i As Integer, k As Integer
```
——プロシージャ名，変数のタイプを宣言します．

```
NumRnd=200
n=5
p=0.5
```
——発生させる乱数の数，nの値，pの値を指定します．

```
For i=1 To NumRnd
k=BiRnd(n, p)
ActiveCell=k
ActiveCell.Offset(1, 0).Range("A1").Select
Next i
End Sub
```
——BiRnd は二項乱数を1つ発生させるユーザー定義関数です．ループ命令によってアクティブセルに発生させた乱数を出力し，1つアクティブセルを下げることを200回繰り返します．End Sub はこのプロシージャの終了を示しています．

Function BiRnd(n As Integer, p As Single) As Integer
Dim i As Integer, k As Integer
——まず，ユーザー定義関数名，および，その引数を宣言します．関数名の後の As Integer は，この関数が整数タイプであることを意味しています．さらに，関数内で使われる変数名，および，そのタイプを指定します．

k＝0
For i＝1 To n
k＝k＋Bern(p)
Next i
BiRnd＝k
End Function
——kの初期値を0とし，ベルヌーイ試行をn回行ない，その合計を計算し，関数の値とします．Bern はベルヌーイ試行を行なうユーザー定義関数で，その値は0または1となります．

Function Bern(p As Single) As Integer
Dim a As Single
——Bern はベルヌーイ試行を行なう関数で，まず，関数名，変数のタイプを指定します．

a＝Rnd
If u＜p Then
Bern＝1
Else
Bern＝0
End If
End Function
——まず，[0, 1] の一様乱数を発生させます．RndはVBAで [0, 1] の一様乱数を発生させる関数です．その値がpより小さい場合1，大きい場合0とします．

入力が終わりましたら，Sheet1 に戻り，[マクロ(M)]→[マクロ(M)]→[Gen-BiRnd] をクリックして，このマクロを実行させ，$Bi(5,0.5)$ の二項乱数を 200 個発生させてください．n や p の値を変えていろいろな分布にしたがう二項乱数を発生させてください．

なお，二項乱数のマクロと小数の法則を使うと，ポアソン乱数を発生させることが可能です．例えば，$\lambda=3$ のポアソン乱数を 200 個発生させる場合，$n=1000$，$p=0.003$ としてマクロを実行する方法です．しかしながら，この方法はポアソン分布の理解には役立ちますが，ポアソン乱数を発生させるには効率が悪く，よい方法ではありません．後ほど，より効率的な方法でポアソン乱数を発生させます．

### 4.2.2 正 規 乱 数

正規分布は連続型の分布ですので，正規乱数を逆変換法と呼ばれる方法を使って発生させてみます．累積分布関数 $y=F(x)$ では $y$ は $x$ の関数ですが，逆に $x$ を $y$ の関数として書き換えてみましょう．これが可能なのは連続型の分布だけですが，この関数を逆関数と呼び $x=F^{-1}(y)$ と表します．いま，$u$ を $[0,1]$ の一様乱数とすると，$x=F^{-1}(u)$ は，累積分布関数が $F(x)$ となる分布にしたがう乱数となります．なぜなら，この場合は，任意の定数 $c$ に対して，$F^{-1}(u) \leq c \Leftrightarrow u \leq F(c)$ ですから

$$P(x \leq c) = P(F^{-1}(u) \leq c) = P(u \leq F(c)) = F(c) \qquad (4.16)$$

となり，$x$ は目的とする分布にしたがう乱数であることになります．これが逆変換法です．

正規分布の累積分布関数は複雑な関数ですので，解析的に逆関数を求めることはできません．しかしながら，Excel のワークシート関数には，正規分布の逆関数を計算する関数が用意されていますので，それを使って標準正規分布にしたがう乱数を発生させてみます．（VBA には正規分布の逆関数を計算する関数はありませんので，Excel ワークシート関数を使います．）Visual Basic Editor に切り替えて，次のコードを入力してください．

```
Sub GenNormRnd()
Dim NumRnd As Integer, i As Integer, a As Single
NumRnd=200
  For i=1 To NumRnd
```

```
    a=NormRnd
    ActiveCell=a
    ActiveCell.Offset(1, 0).Range("A1").Select
    Next i
End Sub

Function NormRnd() As Single
Dim u As Single
u=Rnd
  If u>0.99999 Then u=0.99999
  If u<0.00001 Then u=0.00001
NormRnd=Application.NormSInv(u)
End Function
```

NormRnd は標準正規分布にしたがう乱数を1つ発生させるユーザー定義関数で，GenNormRnd はそれを 200 回繰り返し，それをワークシートに出力するプロシージャです．NormSInv は標準正規分布の累積分布関数の逆関数を求める Excel のワークシート関数です．NormRnd では，これを使って，逆変換法によって標準正規分布にしたがう乱数を発生させています．VBA で Excel のワークシート関数を使うので，Application.NormSInv(u) と関数名の前に「Application.」を付けることに注意してください．逆関数を求める NorSInv は完全ではありません．確率が非常に小さく 0 に近い場合や，非常に大きく 1 に近い場合は誤差が生じますので，一様乱数の値が 0.00001 より小さい場合は 0.00001，0.99999 より大きい場合 0.99999 としています．（このような値が生じる確率は非常に小さくそれぞれ 10 万分の 1 ですので，数百個程度の乱数では，このような値が出ることはほとんどありませんが…）

Excel のワークシートに戻り，このマクロを実行して，適当な範囲に，標準正規分布にしたがう乱数を 200 個発生させてください．また，NormSInv を変更することによって，いろいろな連続型の分布にしたがう乱数を発生させることが可能ですから，試してみてください．

### 4.2.3 指 数 乱 数

指数分布は $y=F(x)=1-e^{-ax}$, $x \geq 0$ ですので，$x \geq 0$ で逆関数は

## 4.2 乱数発生のプロシージャ

$$x = F^{-1}(y) = -\frac{1}{\alpha} \cdot \log_e(1-y) \tag{4.17}$$

となります．逆変換法を使って $\alpha=1$ の指数乱数を 200 個発生させてみます．Visual Basic Editor に切り替えて，次のコードを入力してください．

```
Sub GenExpRnd()
Dim NumRnd As Integer, i As Integer, a As Single
  NumRnd=200
  For i=1 To NumRnd
  a=ExpRnd(1)
  ActiveCell=a
  ActiveCell.Offset(1, 0).Range("A1").Select
  Next i
End Sub


Function ExpRnd(ByVal a As Single) As Single
Dim u As Single
  u=Rnd
  ExpRnd=-(1/a)*Log(u)
End Function
```

ユーザー定義関数 ExpRnd の引数は，ByVal a As Single と先頭に ByVal が付いています．この場合，変数の値だけが a として Function ExpRnd に渡されます．したがって，ユーザー定義関数で a の値を変えても，それを呼び出しているプロシージャーの中での対応する変数の値は変化しません．また，値だけが引き渡されるので，呼び出す側の変数のデータタイプは a のデータタイプと異なっていても（例えば整数型など）かまいません．（ByVal を付けないと，同一の変数が使われることになりますので，当然，変数の値は変化しますし，同一タイプでないとエラーとなります．）値が変わっては困る変数を引数とする場合や，呼び出す側で異なったデータタイプの変数を引数として使う場合などに，この方法を使います．また，このユーザー定義関数作成にあたっては，次の点に注意してください．

　i) Excel においては，$e$ を底とする自然対数は LN ですが，VBA では LOG です．

ii） $u$ が $[0,1]$ の一様乱数である場合，$1-u$ も $[0,1]$ の一様乱数ですので，$1-u$ を計算せずに，直接 $u$ を使うことができます．

### 4.2.4 ポアソン乱数

小数の法則を使ってポアソン乱数を発生させるのは，時間がかかり効率的な方法とはいえません．ある事柄（たとえば放射性原子の崩壊）が発生してから，次の事柄が発生するまでの発生時間の分布が，$a=1$ の指数分布にしたがうとすると，一定時間 $t$ の間に起こる事柄の合計数は，$\lambda=t$ のポアソン分布にしたがうことが知られています．ここでは，この原理に基づいて，$\lambda=3$ のポアソン乱数を 200 個発生させてみます．次のコードを入力してください．

```
Sub GenPoRnd()
Dim NumRnd As Integer, L As Single, i As Integer, k As Integer
NumRnd=200
L=3
    For i=1 To NumRnd
    k=PoRnd(L)
    ActiveCell=k
    ActiveCell.Offset(1, 0).Range("A1").Select
    Next i
End Sub


Function PoRnd(t As Single) As Integer
Dim k As Single, t1 As Single
k=0
t1=ExpRnd(1)
    Do While t1<t
    k=k+1
    t1=t1+ExpRnd(1)
Loop
PoRnd=k
End Function
```

## 4.2 乱数発生のプロシージャ

プロシージャ GenPoRnd の各コードの意味はこれまで通りです．ユーザー定義関数 PoRnd のコードの意味は次の通りです．

```
Function PoRnd(t As Single) As Integer
Dim k As Single, t1 As Single
k=0
t1=ExpRnd(1)
```
——これまで通り，関数名，引数・変数のタイプを宣言し，発生回数 k の初期値を 0 とします．$a=1$ の指数乱数を 1 つ発生させ，最初の事柄が発生するまでの時間を求めます．

```
Do While t1<t
k=k+1
t1=t1+ExpRnd(1)
Loop
PoRnd=k
End Function
```
——第 2 章で説明したように Do…Loop ステートメントは，While に与えられている条件が満足されている間，LOOP までを繰り返し実行するループ命令です．したがって，最初の事柄が発生するまでの時間が，与えられた制限時間である t より大きい場合，1 回も実行されません．最初の事柄が発生するまでの時間が t より小さい場合，発生回数 k に 1 を加え，さらに指数乱数を発生させ t1 に加え，2 回目の事象が起こるまでの時間を求めます．これを (k+1) 回目の事柄が起こるまでの時間が，制限時間 t より大きくなるまで繰り返します．制限時間 t は k 回事柄が起こるには十分であったが (k+1) 回起こるには短かったということですので，結局，k 回起こったことになり，これをこの関数の値とします．

Excel のワークシートに戻り，このマクロを作動させ $\lambda=3$ のポアソン乱数を 200 個発生させてください．

## 4.3 大数の法則と中心極限定理

大数の法則（law of large numbers）と中心極限定理（central limit theorem）は確率論の重要な大定理であり，これによって確率変数の和や平均の分布について，もとの確率変数の分布によらず，多くのことを知ることができます．推測統計では，標本平均などを使って分析を行ないますので，確率変数の和や平均の分布を知ることは非常に重要な問題となっています．

### 4.3.1 大数の法則

いま，表の出る確率が $p$，裏が出る確率が $q=1-p$ のコインがあったとします．このコインを投げ，表が出れば1点，裏が出れば0点とします．いま，このコインを $n$ 回投げて（これを試行回数と呼びます），各回の結果を $X_1, X_2, \cdots, X_n$ とします．$r=\sum X_i=X_1+X_2+\cdots+X_n$ は1が出た回数（成功回数）ですが，それを試行回数 $n$ で割ると，成功率 $r/n$ を求めることができます．成功率は $X_1, X_2, \cdots, X_n$ の平均 $\bar{X}=\sum X_i/n$ となっていることに注目してください．

大数の法則は，この成功率が $r/n$ が，$n$ が大きくなるにしたがって，真の確率 $p$ に近付くことを保証しています．（正確には $r/n$ が $p$ に確率収束，すなわち，任意の $\varepsilon>0$ に対して，$P(|r/n-p|>\varepsilon)\to 0$，$n\to\infty$ ですが，統計や確率論に詳しくない方は，本書のレベルでは「近付く」とだけ理解しておいてください．）

ところで，成功率は，各変数の平均 $\bar{X}=\sum X_i/n$，$p$ は $X_1, X_2, \cdots, X_n$ の期待値ですので，この場合，確率変数の平均は，$n$ が大きくなるにしたがい，期待値に近付く（確率収束する）といい換えることができます．これは，コイン投げのような場合ばかりでなく，一般の確率変数についても拡張することができます．

大数の法則は，
「独立な同一の分布に従う確率変数の平均は，$n$ が大きくなるにしたがい，その期待値に近付く（確率収束する）」

ことを保証しています．この法則は，参加費の方が賞金の期待値より大きい賭けを続ければ，（短期間では勝つこともありますが）長期間には必ず負けることを保証しています．この法則は十分な大きさの標本を調査すれば，（母集団全体を調べなくとも）母集団についてかなりよく知ることができる可能性を示唆しており，統計学の基礎理論となっています．

### 4.3.2 中心極限定理

大数の法則は，確率変数の平均が $n$ が大きくなるにしたがって，その期待値に近付く（確率収束する）ことを示していますが，中心極限定理はその近付き方を表しています．

$X_1, X_2, \cdots, X_n$ を独立で同一分布にしたがう，期待値 $\mu$，分散 $\sigma^2$ の確率変数とします．平均を $\bar{X}$ としますと，大数の法則から，このままでは，$\bar{X}-\mu$ は 0 に確率収束してしまい，どのように近付くか，近付き方がわかりません．そこで，$\bar{X}-\mu$ に $\sqrt{n}$ を掛けた $\sqrt{n}(\bar{X}-\mu)$ を考えます．今度は，$\sqrt{n}$ が無限大となりますので，0 になるとは限りません．

中心極限定理は，$\sqrt{n}(\bar{X}-\mu)$ の分布が $n$ が大きくなるにしたがって，もとの確率変数の分布によらず，正規分布 $N(0, \sigma^2)$ に近付き

$$\sqrt{n}(\bar{X}-\mu) \to N(0, \sigma^2) \tag{4.18}$$

となることを保証しています．すなわち，$n$ が十分大きい場合，$\sqrt{n}(\bar{X}-\mu)$ の分布は，もとの確率変数の分布に依存せずに，正規分布で近似できることになります．（$n$ が十分大きい場合，近似的に成り立つことを漸近的にといい，その場合の分布を漸近分布と呼びます．）また，正規分布の性質から $\bar{X}$ の漸近分布は，$N(\mu, \sigma^2/n)$ で表すことができます．（なお，正規分布は連続型の分布ですが，中心極限定理は離散型の確率変数についても成り立ちます．この場合は，関数の和の累積分布関数が正規分布の累積分布関数に近付きます．）

中心極限定理は，確率変数の和の漸近分布が，もとの確率変数によらず，正規分布であることを示した有用で強力な定理で，大数の法則と並んで統計学の重要な基礎定理となっています．正規分布での近似が成り立つために必要な $n$ の大きさですが，これはもとの分布に依存しています．もとの分布がその期待値に対して対称であれば，小さな $n$（例えば 10 ぐらい）でも，かなりよい近似が得られます．対称でなく，大きく歪んでいる場合は，かなり大きな $n$（例えば 30 またはそれ以上）が必要となります．なお，もとの分布が正規分布である場合は，正規分布の性質から，$n$ の大きさにかかわらず，（近似ではなく）正確にその分布は正規分布となりますので注意してください．

## 4.4 大数の法則と中心極限定理のシミュレーション

### 4.4.1 大 数 の 法 則

$n$ 個の $[0, 1]$ の一様乱数の平均を計算し，$n$ が増加するにしたがって，その値の分布が期待値の 0.5 へ近付くことを確かめてみます．Visual Basic Editor を起動し，Module2 を挿入して次のコードを入力してください．

```
Sub LLN()
Dim NumRnd As Integer, n As Integer, i As Integer, a As Single
NumRnd=200
n=5
  For i=1 To NumRnd
  a=mean1(n)
  ActiveCell=a
  ActiveCell.Offset(1, 0).Range("A1").Select
  Next i
End Sub


Function mean1(n As Integer) As Single
Dim a As Single, i As Integer
a=0
  For i=1 To n
  a=a+Rnd
  Next i
mean1=a/n
End Function
```

Excel に戻り，アクティブセルを適当な位置へ移動し，$n=5$ の場合の一様乱数の平均を 200 個計算してください．その平均，標準偏差，最大値，最小値，25％・75％ 分位点を求めてください．さらに $n$ の値を 50，500 と変えてワークシートの適当な場所に $n=50$，500 の場合の値を，それぞれ 200 個ずつ発生させて，その平均，標準偏差，最大値，最小値，25％・75％ 分位点を同様に求めます．$n$ が増加するにしたがって，得られた分布が $[0, 1]$ の一様乱数の期待値の 0.5 に近付いていくことを確認してください．

### 4.4.2 中心極限定理

確率変数の平均の分布が，$n$ が大きくなるにしたがい，正規分布に近付くことを，$[0,1]$ の一様乱数を使って確かめてみます．Module2 に

```
Sub CLT()
Dim NumRnd As Integer, n As Integer, i As Integer, a As Single
NumRnd=200
n=2
  For i=1 To NumRnd
  a=mean2(n)
  ActiveCell=a
  ActiveCell.Offset(1, 0).Range("A1").Select
  Next i
End Sub


Function mean2(n As Integer) As Single
Dim a As Single
  a=mean1(n)
  mean2=Sqr(12*n)*(a-0.5)
End Function
```

と入力してください．ここでは，$n$ 個の一様乱数の平均からその期待値の 0.5 を引き，（$[0,1]$ の一様分布の分散は $1/12$ ですので）$\sqrt{12n}$ を掛けて分散が 1 となるようにした乱数を 200 個発生させています．Sqr は VBA で平方根を計算する関数です．

$n=2, 6, 12$ として，各々 200 個ずつの繰り返しを行ない，これから適当な階級の幅を選んで度数分布表をつくり，それをヒストグラムにしてください．（度数分布表，ヒストグラムの作成に関しては拙著「Excel による統計入門（第 2 版）」などを参照してください．）$n$ が増加するにしたがい，ヒストグラムの形状が正規分布の確率密度関数に似てくることを確認してください．

以上で本章を終了しますので，**EX4** とファイル名を付けて保存してください．（本章の内容は，付録 CD-ROM に 4 章.xls として保存されています．）

## 4.5 演習問題

1. 自由度 $k$ の $t$ 分布において，その点より上側の確率が $100\alpha\%$ となる点をパーセント点（percent point）と呼び，$t_\alpha(k)$ で表します．また，自由度 $k$ の $\chi^2$ 分布の（上側の確率が $100\alpha\%$ となる）パーセント点を $\chi^2_\alpha(k)$，自由度 $(k_1, k_2)$ の $F$ 分布のパーセント点を $F_\alpha(k_1, k_2)$ とします．Excel のワークシート関数には，これらのパーセント点を計算する関数が用意されています．$t_\alpha(k)$ は TINV$(2*\alpha, k)$ で（ただし $\alpha<0.5$），$\chi^2_\alpha(k)$ は CHIINV$(\alpha, k)$ で，$F_\alpha(k_1, k_2)$ は FINV$(\alpha, k_1, k_2)$ で求めます．これらを使って，逆変換法によって，自由度 7 の $t$ 分布にしたがう乱数，自由度 1 の $\chi^2$ 分布にしたがう乱数，自由度 $(6, 9)$ の $F$ 分布にしたがう乱数を，それぞれ 200 個発生させてください．（$u$ を $[0, 1]$ の一様乱数とすると，$t$ 分布では，$u<0.5$ の場合 $-$TINV$(2*u, k)$，$u>0.5$ の場合 TINV$(2*(1-u), k)$ が求める乱数となります．また，$1-u$ も $[0, 1]$ の一様乱数ですので，$\chi^2$ 分布，$F$ 分布では，CHIINV$(u, k)$，FINV$(u, k_1, k_2)$ が求める乱数となります．）

2. 二項乱数 $Bi(2, 0.7)$ を使って，$n$ 個の乱数の平均を計算し，大数の法則のシミュレーションを行なってください．

3. 二項乱数 $Bi(2, 0.5)$，$Bi(2, 0.8)$ を使って，中心極限定理のシミュレーションを行なってください．正規分布で近似されるのに，後者は前者に比較して大きな $n$ が必要であることを確認してください．

# 5. 行列の積と転置行列の計算

　多くの統計分析は，行列の計算によって行なわれます．行列の基本的な理解は，統計分析を行なう上で，必要不可欠なものとなっています．本章では，まず，行列について説明します (5.1 節)．次に，行列の積 (5.2 節) と転置行列 (5.3 節) を計算するプロシージャについて説明します．さらに，5.4 節でこれらを使った分散共分散・相関係数を計算するプロシージャについて説明します．プロシージャのコードは 5.5 節にまとめました．なお，行列についての説明はスペースの関係上，必要最小限に留めましたので，詳細は拙著「Excel による線形代数入門」などを参照してください．

## 5.1 行列の積の計算

### 5.1.1 行列とは

行列は，データ，変数，パラメータなどを

$$\begin{bmatrix} 1 & 3 \\ 2 & 4 \end{bmatrix}, \begin{bmatrix} 1 & 1 & 1 \\ X_1 & X_2 & X_3 \end{bmatrix}, \begin{bmatrix} \alpha_1 & \beta_1 \\ \alpha_2 & \beta_2 \\ \alpha_3 & \beta_3 \end{bmatrix}$$

のように長方形の行と列に並べたものです．これらは，2 行 2 列，2 行 3 列，3 行 2 列からなっていますので，それぞれ，2 行 2 列，2 行 3 列，3 行 2 列の行列と呼ばれています．

　一般に $m$ 行 $n$ 列の行列は，

$$A = \begin{bmatrix} a_{11} & a_{12} & \cdots & a_{1n} \\ a_{21} & a_{22} & \cdots & a_{2n} \\ \vdots & \vdots & \ddots & \vdots \\ a_{m1} & a_{m2} & \cdots & a_{mn} \end{bmatrix} \qquad (5.1)$$

のように，$m \cdot n$ 個の要素を長方形に並べたもので，イタリック・太字の大文字を使って表すこととします．$a_{ij}$ は $i$ 行 $j$ 列の成分，または $(i, j)$ 成分と呼ばれ

ます．$m$ 行 $n$ 列の行列は，次数 $m \times n$ の行列，または，単に $m \times n$ の行列と呼ばれています．また，$a_{ij}$ を使って

$$A = [a_{ij}] \tag{5.2}$$

とも表されます．行列が等しいということは，次数が等しく，対応するすべての要素の値が等しいことです．また，行と列の数が $m=n$ で等しい $n \times n$ の行列を正方行列（square matrix）または $n$ 次の正方行列と呼びます．

### 5.1.2 行列の定数倍と和

$m \times n$ の行列 $A$ の定数 $\lambda$ 倍 $C = \lambda A$ は，各要素を $\lambda$ 倍した $c_{ij} = \lambda a_{ij}$ となる $m \times n$ の行列です．

〈例 5.1〉

$$2\begin{bmatrix} 1 & 4 \\ 2 & 5 \\ 3 & 6 \end{bmatrix} = \begin{bmatrix} 2\times 1 & 2\times 4 \\ 2\times 2 & 2\times 5 \\ 2\times 3 & 2\times 6 \end{bmatrix} = \begin{bmatrix} 2 & 8 \\ 4 & 10 \\ 6 & 12 \end{bmatrix}$$

$A, B, C$ を $m \times n$ の行列とします．$A$ と $B$ の和 $C = A + B$ は，$A, B$ の各要素の和をとり，$c_{ij} = a_{ij} + b_{ij}$ としたものです．$A$ と $B$ の行列の次数が異なる場合，2つの和を求めることはできません．

〈例 5.2〉

$$\begin{bmatrix} 1 & 4 \\ 2 & 5 \\ 3 & 6 \end{bmatrix} + \begin{bmatrix} 7 & -3 \\ 8 & -2 \\ 9 & -1 \end{bmatrix} = \begin{bmatrix} 1+7 & 4-3 \\ 2+8 & 5-2 \\ 3+9 & 6-1 \end{bmatrix} = \begin{bmatrix} 8 & 1 \\ 10 & 3 \\ 12 & 5 \end{bmatrix}$$

### 5.1.3 行列の積

$A$ を $m \times n$ の行列，$B$ を $n \times p$ の行列とすると，その積 $C = AB$ は $m \times p$ の行列で，その要素 $c_{ij}$ は，

$$c_{ij} = \sum_{k=1}^{n} a_{ik} b_{kj} \tag{5.3}$$

です．

$$A = \begin{bmatrix} a_{11} & a_{12} & a_{13} \\ a_{21} & a_{22} & a_{23} \end{bmatrix}, \quad B = \begin{bmatrix} b_{11} & b_{12} \\ b_{21} & b_{22} \\ b_{31} & b_{32} \end{bmatrix} \tag{5.4}$$

とすると，その積は，$2 \times 2$ の行列

$$C = \begin{bmatrix} a_{11}b_{11}+a_{12}b_{21}+a_{13}b_{31} & a_{11}b_{12}+a_{12}b_{22}+a_{13}b_{32} \\ a_{21}b_{11}+a_{22}b_{21}+a_{23}b_{31} & a_{21}b_{12}+a_{22}b_{22}+a_{23}b_{32} \end{bmatrix} \quad (5.5)$$

です.

⟨例 5.3⟩

$$\begin{bmatrix} 1 & 2 & 3 \\ 4 & 5 & 6 \end{bmatrix} \begin{bmatrix} 7 & 10 \\ 8 & 11 \\ 9 & 12 \end{bmatrix} = \begin{bmatrix} 1\times7+2\times8+3\times9 & 1\times10+2\times11+3\times12 \\ 4\times7+5\times8+6\times9 & 4\times10+5\times11+6\times12 \end{bmatrix} = \begin{bmatrix} 50 & 68 \\ 122 & 167 \end{bmatrix}$$

$A$ の列の数と $B$ の行の数が等しくない限り,その積 $AB$ を求めることはできません.したがって,$m=p$ でない限り,$BA$ を計算することはできません.また,たとえ,$AB$,$BA$ の両方が計算できても,一般に $AB=BA$ とはなりません.($m=n=p$ 以外,すなわち,$A$,$B$ とも同じ大きさの正方行列である場合以外は,2つの行列の次数は一致しません.また,$A$,$B$ が同じ大きさの正方行列であったとしても,特別な場合を除き両者は一致しません.通常の数量(スカラー)の計算とは大きく異なりますので注意してください.)

また,行ベクトルと列ベクトルの積は $1\times1$ の行列となりますが,本書では $1\times1$ の行列をスカラーと同等に扱います.

## 5.1.4 転置行列

行列の列と行の関係を入れ替えたものを転置行列(transposed matrix)と呼び,「$'$」を付けて,$A'$ のように表します.$A'$ は列と行の関係が入れ替わっていますので,$A$ が $m\times n$ の行列の場合,$A'$ は $n\times m$ の行列となっており,$i$ 行 $j$ 列の要素は $a_{ji}$ となります.転置を2回繰り返すと,もとの行列となりますので,$(A')'=A$ となります.転置行列は統計分析を行なう上で大変重要な行列です.

⟨例 5.4⟩

$$A = \begin{bmatrix} 1 & 4 \\ 2 & 5 \\ 3 & 6 \end{bmatrix} \text{ とすると, } A' = \begin{bmatrix} 1 & 2 & 3 \\ 4 & 5 & 6 \end{bmatrix} \text{ です.}$$

## 5.2 行列の積を計算するプロシージャ

$$A = \begin{bmatrix} 1 & 3 \\ -1 & 2 \\ 2 & 1 \end{bmatrix}, \quad B = \begin{bmatrix} 1 & 3 \\ 2 & 1 \end{bmatrix} \tag{5.6}$$

として，2つの行列の積 $AB$ を計算してみましょう．行列の積を計算するプロシージャは複雑で長くなるので，付録CD-ROM に収録されている「5章.XLS」を適当なフォルダ（ディレクトリ）に複写し，Excel に呼び出してください．

Sheet1 の A1 から B3 までに

 1  3
−1  2
 2  1

を，D1 から E2 までに

1  3
2  1

と入力してください．［ツール(T)］→［マクロ(M)］→[Visual Basic Editor(E)] を選択し，Visual Basic Editor を起動してください．Module1 に行列計算を行なうプロシージャ Sub MatProd が収録されています．5.5節を参照してコードの意味を理解してください．行列の積の計算はかなり複雑なので，データの入力 (Sub InputData)，積の計算 (Sub MProd)，結果の出力 (Sub Output) の3つのプロシージャをサブルーチンとして使っています．

適当な大きさのサブルーチンに分けることは，プログラムを正確に，かつ，はやくつくる上で必要不可欠なことで，VBA に限らず，プログラムをつくる上で大変重要なことです．1つのプロシージャが長すぎると，入力ミスなどを起こしやすくなるばかりでなく，ミスを発見しそれを修正すること（これをデバッグ (debug) といいます）が大変困難になります．また，本章の例題でも示す通り，作成したプロシージャを，ほかのプロシージャでサブルーチンとして使うことが可能となるなど，プログラミングの自由度も増します．慣れない間は，1つのプロシージャやサブルーチンをどうしても長くしてしまいますが，長すぎる場合はいくつかに分けるなどしてください．

Sheet1 に戻り，［ツール(T)］→［マクロ(M)］→［マクロ(M)］をクリックし，[MatProd] を選択して［実行(R)］をクリックしてください．A11 から2つの

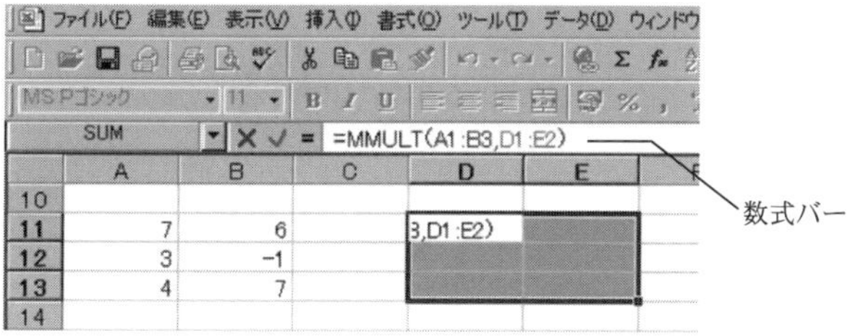

5.3 転置行列を計算するプロシージャ

**図 5.1** Excel の関数で行列の積を計算するには，D11 に **=MMULT(A1:B3,D1:E2)** と入力し，[Enter] キーを押す．つぎに，D11 から E13 までをドラッグして指定し，数式バーをクリックする．[Ctrl]＋[Shift]＋[Enter] キーを押すと行列の積が計算される．

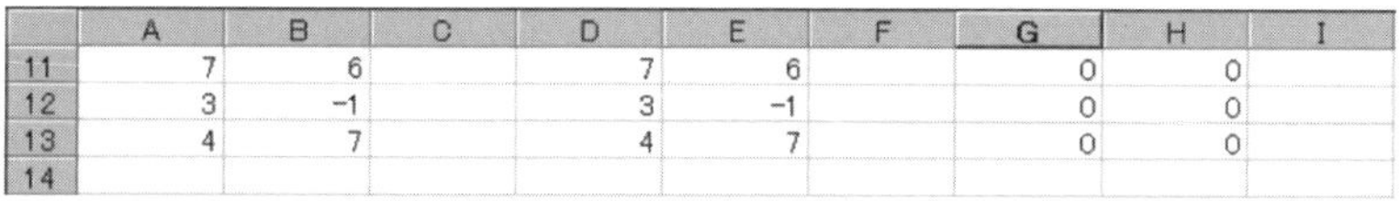

**図 5.2** 作成したマクロによる計算結果と Excel の関数を使った計算結果は一致し，マクロが正しく作成されていることが確認できる．

行列の計算結果が出力されます．次に，Excel の関数を使って，この結果が正しいかどうか確認してみます．D11 に **=MMULT(A1:B3, D1:E2)** と入力し，[Enter] キーを押してください．D11 から E13 までをドラッグして指定し，数式バーをクリックします．[Ctrl] キーと [Shift] キーを押しながら [Enter] キーを押すと（以後，[Ctrl]＋[Shift]＋[Enter] キーと表します），行列の積が計算されます．G11 に **=A11－D11** と入力して，これを H13 まで複写してください．作成したマクロと同一の結果であることが確認できます（図 5.1, 5.2）．

## 5.3 転置行列を計算するプロシージャ

転置行列を計算するプロシージャは「Sub MatTranspose」で，行列の積の場合と同様，Module1 に収録されています．「Sub MatTranspose」では，変数のタイプ，データの入力範囲を指定し，動的配列に配列を割り当てます．次に，データの入力（Sub InputData），転置行列の計算（Sub MTrans），データの出力（Sub Output）を行なうサブルーチンを順に呼び出します．5.5 節を参照にしてコードの意味を理解してください．なお，「Sub InputData」および「Sub Output」は 5.2 節で説明したものを，そのまま使用します．

この Excel のワークシートに戻りマクロ（MatTranspose）を実行して，A1

70   5. 行列の積と転置行列の計算

図 5.3　A25 に **=TRANSPOSE(A1:B3)** と入力し，[Enter] キーを押す．A25 の表示が「# VALUE!」となる．A25 から C26 までをドラッグして指定し，数式バーをクリックして，[Ctrl]＋[Shift]＋[Enter] キーを押すと，転置行列が出力される．

から B3 の行列の転置行列が A21 を先頭とする範囲に出力されることを確認してください．

なお，Excel では転置行列を計算する関数が組み込まれていますので，これを使うことによって，転置行列を求めることができます．A25 に **=TRANSPOSE(A1:B3)** と入力し，[Enter] キーを押してください．表示が「# VALUE!」となります．（通常はエラーメッセージですが，この場合はエラーではありません．）A25 から C26 までをドラッグして指定し，数式バーをクリックして，MMULT の場合と同様，[Ctrl]＋[Shift]＋[Enter] キーを押します．転置行列が出力されます．作成したマクロの結果と等しいことを確認してください（図 5.3）．

## 5.4　分散・共分散を計算するプロシージャ

「Sub CorrCov」は，行列の積，転置行列を計算するプロシージャを使い，与えられたデータの標本分散・共分散・相関係数を計算するプロシージャで，Module1 に収録されています．Sheet2 に切り替え，A1 から C6 に

| X | Y | Z |
|---|---|---|
| 1 | 2 | 2 |
| 0 | −2 | −1 |
| 2 | 1 | 3 |
| 1 | 3 | 2 |
| −2 | 4 | 1 |

と $X, Y, Z$ のデータを入力してください．$X$ の標本分散 $s^2_x$，$X$ と $Y$ の共分散 $s_{xy}$，相関係数 $r_{xy}$ は，

$$s^2_x = \frac{1}{n-1}\sum(X_i-\bar{X})^2$$

$$s_{xy} = \frac{1}{n-1}\sum(X_i-\bar{X})(Y_i-\bar{Y}) \qquad (5.7)$$

$$r_{xy} = \frac{s_{xy}}{s_x s_y} = \frac{\sum(X_i-\bar{X})(Y_i-\bar{Y})}{\sqrt{\sum(X_i-\bar{X})^2}\sqrt{(Y_i-\bar{Y})^2}}$$

で計算されます．

コードは5.5節に収録されていますので，参照してその意味を理解してください．「Sub CorrCov」では，まず，変数のタイプの指定，ワークシートからのデータの入力などを行ない，次に，標本分散・共分散・相関係数を計算するサブルーチンの「Sub CovCorrCalc」を呼び出し，最後に計算結果を行列の形でワークシートのA11を先頭とする範囲に出力します．「Sub CovCorrCalc」では，各変数の偏差 $X_i-\bar{X}$ などを計算するサブルーチンの「Sub DevCalc」を呼び出します．次に，「Sub MTrans」を使って行列の転置行列を求め，「Sub MProd」によって，偏差積の和 $\sum(X_i-\bar{X})^2$ や $\sum(X_i-\bar{X})(Y_i-\bar{Y})$ などを行列の形で計算します．これを $(n-1)$ で割って標本分散・共分散を計算します．最後に行列の各要素を，対応する対角要素の平方根の積で割って標本相関係数を求めています．

Excelには共分散・相関係数を計算する関数COVAR，CORRELが組み込まれており，=COVAR(第1の変数の範囲,第2の変数の範囲)，=CORREL(第1の変数の範囲,第2の変数の範囲) としてこれらを求めることができます．しかしながら，COVARは偏差積の和を $n$ で割ったもの（標本共分散としては，$(n-1)$ で割ったものが普通で望ましいのですが）を計算します．したがって，作成したマクロの標本共分散の計算結果をチェックするには**=COVAR(A2:A6, B2:B6)*5/4** などと入力してください．（相関係数は同一の定義となりますので，Excelの関数の値と直接比較することができます．）

## 5.5 プロシージャのコード

### 5.5.1 コード

本章で使用したプロシージャのコードは次の通りです．

#### a. 行列の積の計算に関するもの

```
Sub MatProd()
Dim MatA() As Double, MatB() As Double, MatC() As Double
```

```
Dim RanA As range, RanB As range, RanC As range
Dim R1 As Integer, C1 As Integer, R2 As Integer, C2 As Integer
  Set RanA=range("A1:B3")
  Set RanB=range("D1:E2")
  Set RanC=range("A11")
R1=RanA.Rows.Count
C1=RanA.Columns.Count
R2=RanB.Rows.Count
C2=RanB.Columns.Count
  If C1 <> R2 Then
  RanC.Select
  ActiveCell="列と行の数が異なり積を計算できません."
  GoTo Err
  End If
ReDim MatA(R1, C1), MatB(R2, C2), MatC(R1, C2)
Call InputData(MatA, R1, C1, RanA)
Call InputData(MatB, R2, C2, RanB)
Call MProd(MatA, MatB, MatC, R1, C2, C1)
Call Output(MatC, R1, C2, RanC)
  Err:
End Sub


Sub InputData(MatA() As Double, R As Integer, C As Integer, Ran As Range)
Dim i As Integer, j As Integer
  Ran.Select
  For i=1 To R
  For j=1 To C
  MatA(i, j)=Selection.Cells(i, j)
  Next j
  Next i
End Sub

Sub MProd(MatA() As Double, MatB() As Double, MatC() As Double, _
    R As Integer, C As Integer, CR As Integer)
Dim i As Integer, j As Integer, a As Double
  For i=1 To R
    For j=1 To C
    a=0
      For k=1 To CR
      a=a+MatA(i, k)*MatB(k, j)
      Next k
    MatC(i, j)=a
    Next j
```

```
    Next i
End Sub

Sub Output(MatA() As Double, R As Integer, C As Integer, Ran As Range)
Dim i As Integer, j As Integer
Ran.Select
  For i=1 To R
    For j=1 To C
    ActiveCell=MatA(i, j)
    ActiveCell.Offset(0, 1).Range("A1").Select
    Next j
  ActiveCell.Offset(1, -C).Range("A1").Select
  Next i
End Sub
```

b. 行列の転置に関するもの

```
Sub MatTranspose()
Dim RanA As range, Ranout As range
Dim R As Integer, C As Integer
Dim MatA() As Double, MatB() As Double
  Set RanA=range("A1:B3")
  Set Ranout=range("A21")
R=RanA.Rows.Count
C=RanA.Columns.Count
ReDim MatA(R, C), MatB(C, R)
  Call InputData(MatA, R, C, RanA)
  Call MTrans(MatA, MatB, R, C)
  Call Output(MatB, C, R, Ranout)
End Sub

Sub MTrans(MatA() As Double, MatB() As Double, R As Integer, _
    C As Integer)
Dim i As Integer, j As Integer
  For i=1 To C
  For j=1 To R
  MatB(i, j)=MatA(j, i)
  Next j
  Next i
End Sub
```

c. 分散共分散・相関行列の計算に関するもの

```
Sub CorrCov()
```

```
Dim RanA As range, RanOut As range
Dim MatA() As Double, MatAT() As Double, Cov() As Double, Corr() _
    As Double
Dim R As Integer, C As Integer
  Set RanA=range("A2:C6")
  Set RanOut=range("A11")
R=RanA.Rows.Count
C=RanA.Columns.Count
ReDim MatA(R, C), Cov(C, C), Corr(C, C)
  Call InputData(MatA, R, C, RanA)
  Call CovCorrCalc(MatA, Cov, Corr, R, C)
RanOut.Select
  Call WriteSqMat(Cov, C, "分散共分散行列")
  Call WriteSqMat(Corr, C, "相関行列")
End Sub

Sub CovCorrCalc(MatA() As Double, Cov() As Double, Corr() As Double, _
    R As Integer, C As Integer)
Dim MatAT() As Double, i As Integer, j As Integer, a As Double
ReDim MatAT(C, R)
  Call DevCalc(MatA, R, C)
  Call MTrans(MatA, MatAT, R, C)
  Call MProd(MatAT, MatA, Cov, C, C, R)
For i=1 To C
For j=1 To C
Cov(i, j)=Cov(i, j)/(R-1)
Next j
Next i
  For i=1 To C
  For j=1 To C
  Corr(i, j)=Cov(i, j) / (Cov(i, i)*Cov(j, j))^0.5
  Next j
  Next i
End Sub

Sub DevCalc(MatA() As Double, R As Integer, C As Integer)
Dim i As Integer, j As Integer, a As Double
For j=1 To C
a=0
  For i=1 To R
  a=MatA(i, j)+a
  Next i
a=a/R
```

```
    For i=1 To R
      MatA(i, j)=MatA(i, j)−a
    Next i
  Next j
End Sub

Sub WriteSqMat(MatA() As Double, C As Integer, MatType As String)
  ActiveCell=MatType
  ActiveCell.Offset(1, 0).range("A1").Select
  Call Output(MatA, C, C, ActiveCell)
  ActiveCell.Offset(1, 0).range("A1").Select
End Sub
```

## 5.5.2 コードの説明

前項に掲載したプロシージャのコードについて説明します．

### a. 行列の積の計算に関するもの

Sub MatProd：
——行列の積を計算するプロシージャです．まず，変数のタイプを宣言しますが，

Dim MatA() As Double, MatB() As Double, MatC() As Double

として，MatA, MatB, MatC を倍精度浮動小数点型の動的配列として宣言します．動的配列ではこれまでと異なり，インデックスを最初に指定せず，Dim MatA( ) As Double のように変数名の後に（ ）だけを付けて指定します．動的配列では，任意の大きさの行列を取り扱うことができ，配列の大きさは必要となったときに ReDim を使い，ReDim MatA(R1, C1) のように割り当てます．また，コンピュータは有限の桁数しか取り扱えませんので，計算ごと（特に足し算・引き算を行なった場合）に，わずかですが誤差（丸め誤差）を生じます．当然，この誤差は，倍精度浮動小数点型が単精度浮動小数点型より小さくなります．行列の計算は多くの足し算・引き算を行ないますので，行列の計算はすべて倍精度で行なうこととします．

次に，変数のタイプを指定し，Set ステートメントを使い RanA, RanB に入力する行列の範囲を，RanC に出力先の先頭のセルを割り当てます．RanA および RanB の行と列の数を数え，それを R1～C2 に格納します．Rows は行，Columns は列，Count はその数を求めるプロパティです．

If ステートメントでは行の数と列の数が異なる場合のエラー処理を行なって

います．GoTo Err は指定されたラベル名（Err）の行に移動する命令文です．行ラベルは，ラベル名の最後にコロン：を加えて表します．ここでは，Err: の行に移動します．Fortran と異なり，プログラムの構造が複雑になるため，VBA ではエラー処理などの場合を除き，GoTo ステートメントはなるべく使わないでください．（本書ではエラー処理の場合に限り，GoTo を使うこととします．）

　ReDim を使い，動的配列に必要なインデックスを割り当て，データを入力するプロシージャ「Sub InputData」を呼び出し，MatA，MatB にデータ入力します．引数は行列，行数，列数，入力範囲を表す変数です．行列の積を計算する「Sub MProd」を呼び出します．引数は，第1の行列，第2行列，積の計算結果の行列，第1の行列の行数，第2の行列の列数，第1の行列の列数を表す変数です．最後に結果を出力する「Sub Output」を呼び出します．引数は，積の計算結果の行列，行数，列数，出力先を表す変数です．

Sub InputData：
——データの入力を行ないます．配列が引数として含まれていますので，
　Sub InputData (MatA() As Double, R As Integer, C As Integer, Ran As Range)
とします．配列は変数名の後に（ ）を付け，MatA( ) のように指定します．変数のデータタイプを指定し，Ran で与えられた範囲を選択します．次に，Cells プロパティを使ってワークシートから MatA にデータの入力を行ないます．

Sub MProd：
——行列の積の計算を行ないます．MProd は引数が多いため，Sub ステートメントを1行で書くと，わかりにくくなってしまいますので，2行に分けて，
　Sub MProd(MatA() As Double, MatB() As Double, MatC() As Double, _
　　　R As Integer, C As Integer, CR As Integer)
と入力しています．1つのステートメントが2行以上になる場合は，行の終わりに（1つ以上スペースを開けて）_ を入力します．さらに，For ループを使って行列の積をすべての要素について計算し，その結果を MatC に格納します．なお，ページの左右幅の関係上，付録 CD-ROM ファイルでは1行で書かれたものでも，1行でおさまらない場合があります．その場合も，本文中のコード表示で

は _ を使って，改行して表しました．

Sub Output :
——行列の計算結果をワークシートに出力します．コードの意味はこれまで通りです．

### b．行列の転置に関するもの

Sub MatTranspose :
——行列の転置を行なうプロシージャです．変数のタイプ，データの入力範囲を指定し，動的配列に配列を割り当てます．次に，データの入力，転置行列の計算，データの出力を行なうプロシージャをサブルーチンとして，順に呼び出します．

Sub MTrans :
——転置行列を計算します．MatA がもとの行列，MatB が転置された行列です．

### c．分散共分散・相関行列の計算に関するもの

Sub CorrCov :
——標本分散，相関係数を計算するプロシージャです．変数のタイプの指定，データの入力などを行ない，次に，標本分散，共分散，相関係数を計算するプロシージャを呼び出し，計算結果を行列の形で出力します．

Sub CovCorrCalc :
——標本分散，相関係数を計算します．まず，各変数の偏差 $X_i - \bar{X}$ などを計算するプロシージャ（Sub DevCalc）をサブルーチンとして呼び出します．次に，この行列の転置行列を求め，行列の積を計算することによって，偏差積の和 $\sum (X_i - \bar{X})^2$ や $\sum (X_i - \bar{X})(Y_i - \bar{Y})$ などを行列の形で計算します．これを $(n-1)$ で割って標本分散，共分散を計算します．最後に行列の各要素を対応する対角要素の平方根の積で割って標本相関係数を求めています．

Sub DevCalc :

——各変数の偏差 $X_i - \bar{X}$ などを計算します．

Sub WriteSqMat :
——分散共分散行列，相関行列の計算結果を出力します．

## 5.6 演習問題

$$A = \begin{bmatrix} 2 & 2 \\ -1 & 3 \\ 3 & 5 \end{bmatrix}, \quad B = \begin{bmatrix} 0 & -1 \\ 2 & 0 \\ -7 & 3 \end{bmatrix}$$

とします．$a=0.5$, $b=1.5$ として

$$C = aA + bB$$

を計算するプロシージャを作成してください．

# 6. 行列式と逆行列

　逆行列は非常に大切であり，多くのデータ分析は逆行列を使って行なわれます．行列式は逆行列が存在するかどうかを決定します．本章では，まず，行列式，逆行列および行列の階数について説明します（6.1節）．次いで，行列式と逆行列を計算するプロシージャについて，6.2節と6.3節で説明します．プロシージャのコードについては6.4節を参照してください．

## 6.1　行列式，行列および行列の階数

### 6.1.1　行　　列　　式

　正方行列 $A$ に対して，行列式（determinant）と呼ばれる1つのスカラー量を求めることができ，これを $|A|$ または $\det A$ で表します．2次および3次の正方行列の場合，行列式は，

$$\begin{vmatrix} a_{11} & a_{12} \\ a_{21} & a_{22} \end{vmatrix} = a_{11}a_{22} - a_{12}a_{21}$$

$$\begin{vmatrix} a_{11} & a_{12} & a_{13} \\ a_{21} & a_{22} & a_{23} \\ a_{31} & a_{32} & a_{33} \end{vmatrix} = a_{11}a_{22}a_{33} + a_{12}a_{23}a_{31} + a_{13}a_{32}a_{21} - a_{13}a_{22}a_{31} - a_{12}a_{21}a_{33} - a_{11}a_{32}a_{23}$$

(6.1)

です．

　$n$ 次の正方行列 $A$ では，異なった列，行から選んだ $n$ 個の要素の積の和として

$$|A| = \sum \pm a_{1i_1} a_{2i_2} \cdots a_{ni_n} \tag{6.2}$$

で定義されます．$i_1, i_2, \cdots, i_n$ は $1, 2, \cdots, n$ のいずれかの値を重複なく取り，$\sum$ はすべての順列について（すなわち $n!$ 個）の和を表します．$\pm$ の符号は，$i_1, i_2, \cdots, i_n$ が $1, 2, \cdots, n$ から偶数回の並べ替えで得られる場合は正，奇数回の並べ替えで得られる場合は負となります．

式 (6.2) から行列式を計算するのは難しいので，行列式の次のような性質を使って計算を行ないます．

i) ある行（または列）を $\lambda$ 倍した行列の行列式は $\lambda|A|$ です．
ii) すべての要素を $\lambda$ 倍した行列の行列式は，$\lambda^n|A|$．すなわち，$|\lambda A|=\lambda^n|A|$ です．
iii) $A$ の任意の2つの行（または列）を交換した行列の行列式は $-|A|$ です．
iv) $A$ の任意の行（または列）に，ほかの行（または列）の定数倍を加えても行列式は変わりません．このことは，2つの行（または列）が同一である行列の行列式は0となることを意味しています．
v) $A$ から $i$ 行 $j$ 列を除いた $(n-1)\times(n-1)$ の行列を $A_{ij}$ とします．$|A_{ij}|$ を小行列式（minor determinant）と呼びます．$|A|$ は，$i$ 行（または $j$ 列）に関して展開可能であり，

$$|A|=\sum_{j=1}^{n}(-1)^{i+j}a_{ij}|A_{ij}|, \quad または，\quad |A|=\sum_{i=1}^{n}(-1)^{i+j}a_{ij}|A_{ij}| \quad (6.3)$$

となります．また $(-1)^{i+j}|A_{ij}|$ は余因子（cofactor）と呼ばれています．式 (6.3) は行列式のラプラス展開（Laplace expansion）と呼ばれています．

## 6.1.2 逆　行　列

$A$ を $n$ 次の正方行列とします．いま，$I_n$ を $n$ 次の単位行列とし，

$$AB=BA=I_n \quad (6.4)$$

となる行列 $B$ が存在する場合，これを $A$ の逆行列（inverse matrix）と呼び，$A^{-1}$ で表します．逆行列は存在するとは限りません．逆行列が存在するための必要十分条件は，$A$ の行列式の値が0でないこと，すなわち，

$$A^{-1} \text{が存在する} \Leftrightarrow |A|\neq 0 \quad (6.5)$$

です．また，逆行列が存在する場合，それはただ1つに決まります．$|A|\neq 0$ で逆行列が存在する行列を，正則行列（regular matrix）または非特異行列（non-singular matrix），$|A|=0$ で逆行列が存在しない行列を特異行列（singular matrix）と呼びます．

2次の正方行列の場合，逆行列は，

$$A^{-1}=\begin{bmatrix} a_{11} & a_{12} \\ a_{21} & a_{22} \end{bmatrix}^{-1}=\frac{1}{|A|}\begin{bmatrix} a_{22} & -a_{12} \\ -a_{21} & a_{11} \end{bmatrix}$$

$$= \frac{1}{a_{11}a_{22}-a_{12}a_{21}} \begin{bmatrix} a_{22} & -a_{12} \\ -a_{21} & a_{11} \end{bmatrix} \tag{6.6}$$

となります．$A$ と $A^{-1}$ の積を考えると

$$AA^{-1} = \frac{1}{a_{11}a_{22}-a_{12}a_{21}} \begin{bmatrix} a_{11}a_{22}-a_{12}a_{21} & -a_{11}a_{12}+a_{12}a_{11} \\ -a_{21}a_{22}+a_{22}a_{21} & -a_{21}a_{12}+a_{11}a_{22} \end{bmatrix}$$

$$= \begin{bmatrix} 1 & 0 \\ 0 & 1 \end{bmatrix} = I_2 \tag{6.7}$$

であり，確かに逆行列となっています．

逆行列には次のような関係式が成り立っています．（行列はすべて正則行列であり，逆行列は存在するものとします．）

 i) $AA^{-1} = A^{-1}A = I_n$
 ii) $(A^{-1})^{-1} = A$
 iii) $(AB)^{-1} = B^{-1}A^{-1}$
 iv) $|A^{-1}| = 1/|A|$
 v) $(A^{-1})' = (A')^{-1}$

### 6.1.3 ガウスの消去法による逆行列の計算

ここでは，逆行列を計算する方法の1つとして，ガウスの消去法（Gauss reduction method）または掃き出し法（sweeping-out method）と呼ばれる方法について説明します．この方法では，まず，$A$ と $n$ 次の単位行列 $I_n$ を横に並べた $n \times 2n$ の行列 $[A, I_n]$ をつくります．この行列に対して，

1) 第 $i$ 行と第 $j$ 行を交換する，
2) 第 $i$ 行を定数倍する，
3) 第 $i$ 行に第 $j$ 行を定数倍したものを加える，

という，行についてのみの操作を行なって $[I_n, B]$ の形に変換します．これらの操作は基本変形（elementary transformation）と呼ばれますが，この結果得られる $B$ が $A$ の逆行列です．$A$ が特異行列で $|A|=0$ である場合は，計算の途中で問題が生じて，$[I_n, B]$ の形にすることはできません．

### 6.1.4 行列の階数

#### a. 正方行列の階数

$A$ を $n$ 次の正方行列とします．$A$ が正則行列である場合，ガウスの消去法で

説明した，行に関する基本変形を行なうことによって，これを単位行列，すなわち，

$$A \to \begin{bmatrix} 1 & & & 0 \\ & 1 & & \\ & & \ddots & \\ 0 & & & 1 \end{bmatrix} \tag{6.8}$$

とすることができます．

$A$ が特異行列である場合は，単位行列とすることはできず，

$$A \to \begin{bmatrix} b_{11} & b_{12} & \cdots & & \cdots & b_{1n} \\ 0 & b_{22} & \cdots & & \cdots & b_{2n} \\ 0 & 0 & \ddots & & & \\ \vdots & \vdots & & b_{rr} & \cdots & b_{rn} \\ 0 & 0 & \cdots & 0 & 0 & \cdots & 0 \\ \vdots & \vdots & & \vdots & \vdots & \ddots & \vdots \\ 0 & 0 & \cdots & 0 & 0 & \cdots & 0 \end{bmatrix} \tag{6.9}$$

と上三角行列となってしまいます．最初の $r$ 行は $0$ でない成分を必ず含みますが，最後の $(n-r)$ 行の要素がすべて $0$ となるため，これ以上操作を行なうことはできなくなります．（また，これ以上操作を続けても，すべての成分が $0$ である行の数はこれ以上増やせなくなります．）

この $r$ の値を，行列の階数，または，ランク（rank）と呼び，rank $A$ と表します．階数は行列によって 1 つの値に決まっています．正則行列では変形の結果得られる行列は単位行列であり，要素がすべて 0 となる行はなく，階数は $n$ となっています．また，階数が $n$ であれば正則行列であり，階数が $n$ であることは正則行列であるための必要十分条件，すなわち，

$$A \text{ が正則行列} \Leftrightarrow \text{rank } A = n \tag{6.10}$$

となっています．

### b．ベクトルの線形独立と一般の行列の階数

いま，$v_1, v_2, \cdots, v_n$ を $n$ 個の $m$ 次元のベクトルとします．$a_1, a_2, \cdots, a_n$ を定数とすると，

$$a_1 v_1 + a_2 v_2 + \cdots + a_n v_n \tag{6.11}$$

を $v_1, v_2, \cdots, v_n$ の線形結合（linear combination）と呼びます．ここで，$\boldsymbol{0}$ をすべての成分が 0 の $n$ 次元のゼロベクトルとします．

$$a_1 v_1 + a_2 v_2 + \cdots + a_n v_n = 0 \tag{6.12}$$

が $a_1 = a_2 = \cdots = a_n = 0$ 以外に成り立たない場合，$v_1, v_2, \cdots, v_n$ を線形独立（linearly independent）であると呼びます．$a_1 = a_2 = \cdots = a_n = 0$ 以外にも成り立つ $a_1, a_2, \cdots, a_n$ が存在する場合（少なくとも1つが0でない $a_1, a_2, \cdots, a_n$ で式 (4.7) が成り立つ場合），$v_1, v_2, \cdots, v_n$ を線形従属（linearly dependent）であるといいます．$v_1, v_2, \cdots, v_n$ が線形従属である場合，少なくとも1つのベクトルは，ほかのベクトルの線形結合によって表すことができます．

$\boldsymbol{A}$ を $m \times n$ の行列とします．（正方行列である必要はありません．）各列を $m$ 次元の（列）ベクトルと見なすと，$n$ 個の $m$ 次元のベクトルを並べたものとなっています．1列目を $\boldsymbol{a}_1$，2列目を $\boldsymbol{a}_2, \cdots$，$n$ 列目を $\boldsymbol{a}_n$ とすると，

$$\boldsymbol{A} = [\boldsymbol{a}_1, \boldsymbol{a}_2, \cdots, \boldsymbol{a}_n] \tag{6.13}$$

です．この階数は「$\boldsymbol{a}_1, \boldsymbol{a}_2, \cdots, \boldsymbol{a}_n$ のうちで，最大いくつのベクトルが線形独立となるか（これを線形独立な列ベクトルの数とします）」を表しています．$\boldsymbol{A}$ の行ベクトルについても同様の議論を行なうことができ，線形独立な行ベクトルの数は線形独立な列ベクトルの数，すなわち，

$$\text{rank}\,\boldsymbol{A} = 線形独立な列ベクトルの数 = 線形独立な行ベクトルの数 \tag{6.14}$$

です．

## 6.2 行列式を計算するプロシージャ

ここでは，行列式を計算するプロシージャをつくってみます．行列式を計算するプロシージャは複雑で長くなるので，付録 CD-ROM に収録されている「6章.xls」を適当なフォルダ（ディレクトリ）に複写し，Excel に呼び出してください．Sheet1 の A1 から D4 に

```
1   1   0   2
3  -1   1   0
0   2   2   1
2   0   1   3
```

と入力してください．次に，［ツール(T)］→［マクロ(M)］→［Visual Basic Editor(E)］を選択し，Visual Basic Editor を起動してください．Module2 に行列式の計算を行なうプロシージャの「Sub MatDeterm」が収録されています．6.4節を参照して，コードの意味を理解してください．データの入力は第5章で作成した「Sub InputData」をサブルーチン使って行なっています．また，「Function MDeterm」は行列式の計算を行なうユーザー定義関数で，行に関する基本変形を繰り返すことによって，行列式の値を計算しています．

［ツール(T)］→［マクロ(M)］→［マクロ(M)］をクリックし，マクロの「MatDeterm」選択し，［実行(R)］をクリックして，行列式を計算してください．A12 に＝**MDETERM(A1:D4)** と入力し，作成したマクロで計算した値と同一の値が得られることを確認してください．

## 6.3 逆行列を計算するプロシージャ

ここでは，ガウスの消去法によって逆行列を作成するプロシージャを作成します．［ツール(T)］→［マクロ(M)］→［Visual Basic Editor(E)］を選択し，Visual Basic Editor を起動してください．Module3 にガウスの消去法によって逆行列を行なう「Sub MatInv」が収録されています．6.4 節を参照してコードの意味を理解してください．

「Sub MatInv」では，これまでと同様，変数のデータタイプの宣言，入力範囲・出力先の指定，入力データの行数を数える，動的配列のインデックスの指定などを行ないます．ワークシートからのデータの入力は，第 5 章で作成した「Sub InputData」をサブルーチンとして，これを使って行ないます．前節で作成したユーザー定義関数の「Function MDeterm」によって行列式の値を計算します．D=0 の場合，行列は特異行列であり，「この行列は特異行列です．」というメッセージを出力し，処理を終了します．それ以外は，「Sub MInv」を使って逆行列の計算を行ないます．前章で作成した「Sub Output」によって逆行列の計算結果を出力します．

Sub MInv では逆行列をガウスの消去法によって計算します．$B=[A, I_n]$ という行列をつくり，これを行に関する基本変形によって，$[I_n, C]$ の形に変形することで，逆行列を求めています．$B$ の行に関する基本変形は，「Sub Minv RowTrans」で行なっています．

Excel に戻り，「［ツール(T)］」→［マクロ(M)］→［マクロ(M)］→［MatInv］→［実行(R)］を選択して A11 から逆行列を計算してください．F11 に＝**MINVERSE (A1:D4)** と入力し，[Enter] キーを押し，F11 から I14 までをドラッグして指定し，数式バーをクリックして，[Ctrl]＋[Shift]＋[Enter] キーを押してください．Excel のワークシート関数によって逆行列が計算されますが，両者の結果が一致していることを確認してください（図 6.1）．

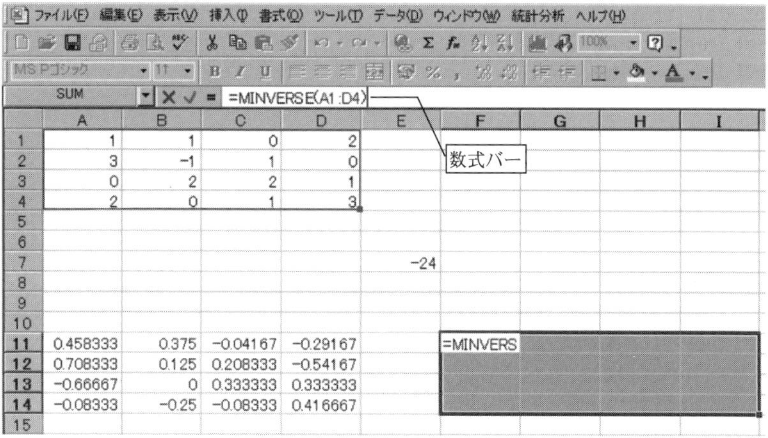

図 6.1　Excel の関数を使って逆行列を計算するには，F11 に =**MINVERSE(A1:D4)** と入力し，[Enter] キーを押し，F11 から I14 までをドラッグして指定し，数式バーをクリックして，[Ctrl]＋[Shift]＋[Enter] キーを押す．

ガウスの消去法は初歩的な方法ですが，このマクロでは動的配列を使っていますので，大きな逆行列の計算も行なうことができます．Excel の関数 MINVERSE と異なり，行列の大きさの制限は（Excel で表示できる最大列数の 256 次以下であれば）特にありません．メモリーやコンピュータの使用条件にもよりますが，200×200 程度の行列の逆行列計算は可能です．また，計算を倍精度浮動小数点で行なっているので，（行列の次数が大きい場合や特異行列に非常に近いなどの特別な場合を除き）Excel で扱う一般的な行列の計算では十分な精度があると考えられます．$[0, 1]$ の一様乱数を使って 200×200 の行列を作成し，その逆行列を求め，$AA^{-1} - I_n$ を計算した場合，この行列の要素の絶対値の最大は $10^{-12}$ のオーダーとなっています．

## 6.4　プロシージャのコード

### 6.4.1　コード

本章で使用したプロシージャは，Module2 に収録されており，コードは次の通りです．

a．行列式の計算に関するもの

**Sub MatDeterm()**
**Dim RanA As range, RanB As range**

```
Dim MatA() As Double, R As Integer, C As Integer, D As Double
  Set RanA=range("A1:D4")
  Set RanB=range("A11")
R=RanA.Rows.Count
C=RanA.Columns.Count
  If R <> C Then
  RanB.Select
  ActiveCell="正方行列ではありません。"
  GoTo Err
  End If
ReDim MatA(R, R)
Call InputData(MatA, R, C, RanA)
D=MDeterm(MatA, R)
  RanB.Select
  ActiveCell=D
Err :
End Sub


Function MDeterm(MatA() As Double, n As Integer) As Double
Dim MatB() As Double, D As Double
Dim i As Integer, j As Integer
D=1
ReDim MatB(n, n)
Call MCopy(MatA, MatB, n, n)
  For i=1 To n
  Call MDetRowTrans(MatB, n, i, D)
  Next i
MDeterm=D
End Function

Sub MCopy(MatA() As Double, MatB() As Double, R As Integer, _
    C As Integer)
Dim i As Integer, j As Integer
  For i=1 To R
  For j=1 To C
  MatB(i, j)=MatA(i, j)
  Next j
  Next i
End Sub

Sub MDetRowTrans(MatB() As Double, n As Integer, i As Integer, _
    D As Double)
Dim i1 As Double, j As Integer, k As Integer
```

```
Dim b1 As Double, Change As Double, b2 As Double
i1=i-1
   Do
   i1=i1+1
   b1=MatB(i1, i)
   Loop Until b1 <> 0 Or i1=n
If b1=0 Then
D=0
GoTo Singular
End If
   Change=1
     If i <> i1 Then
     Change=-1
       For j=i To n
       b2=MatB(i, j)
       MatB(i, j)=MatB(i1, j)
       MatB(i1, j)=b2
       Next j
     End If
b1=MatB(i, i)
D=b1*D*Change
   For j=i To n
   MatB(i, j)=MatB(i, j)/b1
   Next j
For j=i+1 To n
b1=MatB(j, i)
   For k=i To n
   MatB(j, k)=MatB(j, k)-b1*MatB(i, k)
   Next k
Next j
Singular :
End Sub
```

b. 逆行列の計算に関するもの

```
Sub MatInv()
Dim RanA As range, RanInv As range
Dim MatA() As Double, InvA() As Double
Dim D As Double, n As Integer, b1 As Double, b2 As Double
Set RanA=range("A1:D4")
Set RanInv=range("A11")
   n=RanA.Rows.Count
   ReDim MatA(n, n)
   ReDim InvA(n, n)
```

```
Call InputData(MatA(), n, n, RanA)
D=MDeterm(MatA, n)
  If D=0 Then
  RanInv.Select
  RanInv="この行列は特異行列です."
  GoTo Singular :
  End If
Call MInv(MatA(), InvA(), n)
RanInv.Select
Call Output(InvA, n, n, RanInv)
Singular :
End Sub


Sub MInv(MatA() As Double, InvA() As Double, n As Integer)
Dim MatB() As Double, b1 As Double, b2 As Double, D As Double
Dim i As Integer, j As Integer, i1 As Integer, n2 As Integer
n2=2*n
ReDim MatB(n, n2)
  For i=1 To n
    For j=1 To n
    MatB(i, j)=MatA(i, j)
    Next j
    For j=n+1 To n2
    MatB(i, j)=0
    Next j
  MatB(i, i+n)=1
  Next i
For i=1 To n
Call MInvRowTrans(MatB, n, n2, i)
Next i
  For i=1 To n
    For j=1 To n
    InvA(i, j)=MatB(i, j+n)
    Next j
  Next i
End Sub


Sub MInvRowTrans(MatB() As Double, n As Integer, n2 As Integer, _
    i As Integer)
Dim i1 As Integer, j As Integer, b1 As Double
i1=i-1
  Do
  i1=i1+1
```

```
      b1=MatB(i1, i)
    Loop Until b1 <> 0 Or i1=n
      If i1 <> i Then
        For j=1 To n2
        b2=MatB(i, j)
        MatB(i, j)=MatB(i1, j)
        MatB(i1, j)=b2
      Next j
    End If
  b1=MatB(i, i)
    For j=1 To n2
    MatB(i, j)=MatB(i, j)/b1
    Next j
  For j=1 To n
    If i <> j Then
    b1=MatB(j, i)
      For k=1 To n2
      MatB(j, k)=MatB(j, k)−b1*MatB(i, k)
      Next k
    End If
  Next j
End Sub
```

## 6.4.2 プロシージャの説明

前項に掲載したプロシージャのコードについて説明します．

### a. 行列式の計算に関するもの

Sub MatDeterm：

——行列式を計算するプロシージャです．行列の積の計算の場合と同様，計算は倍精度浮動小数点型の変数を使い動的配列を用います．入力する範囲の行と列の数を数え，両者が等しくない場合はエラーメッセージを出力し，処理を終了します．行と列の数が等しい場合，ReDim ステートメントによって配列のインデックスを割り当てます．前章で作成した「Sub InputData」を使い，ワークシートからのデータの入力を行ないます．「Function MDeterm」は行列式を計算するユーザー定義関数です．Err: は行と列の数が等しくない場合に移動する行を表す行ラベルです．

Function MDeterm：

——行列式を計算するユーザー定義関数です．行列式を計算する変数 D の初期値を 1 とします．「Sub Mcopy」を使って，MatA の値を MatB に複写します．行に関する基本操作を行なうプロシージャの「Sub MdetRowTrans」を使って，第 1 行から第 n 行まで順に行に関する基本操作を行ない，行列式の値を求めそれを MDeterm の値とします．

Sub MCopy :
——行列の複写を行ないます．

Sub MDetRowTrans :
——行に関する基本変形を行ないます．要素が 0 であるかどうかを確かめ，0 の場合は，第(i+1)行から第 n 行で，第 i 列が 0 でない行を探します．b1 が 0 の場合，第 i 列の対象要素がすべて 0 で，行列式の値は 0 となりますので，D の値を 0 として処理を終了します．(i, i) 要素が 0 の場合，第 i1 行と第 i 行を交換します．行を交換した行列の行列式は符号が反対となりますので，行の交換が行なわれなかった場合((i, i) 要素が 0 でない場合)，Change を 1，行なわれた場合，−1 とします．これまでの計算値に，(i, i) 要素の値および Change を掛けます．さらに，第(i+1)行から第 n 行に，第 i 行の定数倍を加えること（行列式の値は変わりません）によって，第 i 列の i+1 行から第 n 行までの要素を 0 とします．行列式の列に関する展開公式によって，行列式は D に MatB の第(i+1)〜第 n 行・列からなる小行列の行列式の値を掛けたものになりますので，これを第 n 行まで繰り返し，行列式の値を求めます．

b．逆行列の計算に関するもの

Sub MatInv :
——逆行列を計算するプロシージャです．ワークシートからのデータの入力は，「Sub InputData」によって行ないます．前節で作成した「Function MDeterm」によって行列式の値を計算します．D=0 の場合，行列は特異行列であり，「この行列は特異行列です．」というメッセージを出力し，プロシージャを終了します．それ以外は，逆行列の計算を「Sub MInv」を使って行ないます．前章で作成した「Sub Output」を使って，逆行列の計算結果を出力します．

Sub MInv：

——ガウスの消去法によって逆行列を計算します．$A$ の逆行列を求めるには $B=[A, I_n]$ という行列をつくり，これを行に関する基本変形によって $[I_n, C]$ の形に変形すると $C$ が逆行列となります．MatB を $[A, I_n]$ という行列とし，MatB に対して，「Sub MInvRowTrans」を使って，行に関する基本変形を第 1 行から第 n 行まで n 回行ないます．

Sub MInvRowTrans：

——MatB に対して行に関する基本変形を行ないます．

## 6.5 演 習 問 題

　行列式の計算を行なうプロシージャでは，行に関する基本変形を行なった結果，対象とする列の要素がすべて 0 となった場合（「Sub MDetRowTrans」で b1＝0 となった場合），計算を打ち切り，行列式の値を 0 としています．対象とする列の要素がすべて 0 であっても計算を続け，すべての要素が 0 となる列の数を数える（「Sub MdetRowTrans」で b1＝0 となる回数を数える）ことによって，正方行列の階数を求めることができます．行列の階数を計算するプロシージャを作成してください．なお，コンピュータの丸め誤差（b1 の値が厳密に 0 とならない）の影響を避けるため，b1 の絶対値が $10^{-8}$ より小さくなった場合，0 と見なすこととしてください．

# 7. ユーザーフォームによる行列の計算

　これまでは行列を入力範囲や結果の出力先をプロシージャのなかで
　　　RanA＝Range("A1:B3")
のように指定してきましたが，ここでは，ユーザーフォームを使って，入力範囲や出力先を Excel に現れるボックスから指定して，行列の積，逆行列，分散共分散行列を計算できるようにします．（付録 CD-ROM の「7 章.xls」はこれらのユーザーフォームを含んでいますが，入力するコードの量も比較的少なく，また，ユーザーフォームの作成方法を学習するために，なるべく自分で作成してください．）最後にこれらをまとめ，4 つまでの行列計算を行なうことのできるユーザーフォームを作成します．

## 7.1　行　列　の　積

　Excel を起動し，第 6 章で作成したファイル（6 章.xls）を開いてください．Visual Basic Editor に切り替えてください．まず，Excel に表示されるボックスを作成します．[挿入(I)]→[ユーザーフォーム(U)] を選択してください．「UserForm1」と表示されたボックスが現れます．UserForm1 のプロパティのオブジェクト名 UserForm1 をクリックし，UserForm1 を **UserFormMatProd** に変更してください．Caption をクリックし，いまある「UserForm1」をすべて消去し，**行列の積の計算**と入力してください．ボックスの上部のタイトルが「行列の積の計算」に変わります（図 7.1）．

　次に，「行列の積の計算」のボックスをクリックしてください．「ツールボックス」が現れますので，ラベルのボタンの [A] をクリックし，「行列の積の計算」のボックスの上部の適当な位置にドラッグしてください．「Label1」と表示されたラベルが現れますので，これをクリックしてラベルを**行列 1 の範囲**と変更してください．「行列の積の計算」のボックスをクリックすると，再び [ツールボックス] が現れますので，同様に [ツールボックス] のラベルのボタンの [A] を

7.1 行 列 の 積

図 7.1 ［挿入(I)］→［ユーザーフォーム(U)］をクリックして，ユーザーフォームを挿入し，「プロパティ」の「オブジェクト名」を「UserFormMatProd」，「Caption」を「行列の積の計算」とする．

ドラッグして，この下側に「Label2」のボックスを作り，**行列2の範囲**とラベルを変更してください．さらに，ラベルのボタンの［A］をドラッグして，この下側に「Label3」のボックスをつくり，**結果の出力先**とラベルを変更してください．

次に，［ツールボックス］の［テキストボックス］をドラッグして，「行列1の範囲」の隣にテキストボックスを作成します．ボックスに現れている四角い点をドラッグすると，ボックスの大きさを変更できますので，適当な大きさに変更してください．再び，［ツールボックス］の［テキストボックス］をドラッグして，「行列2の範囲」と「結果の出力先」の隣にテキストボックスをつくってください．

ツールボックスの［コマンドボタン］をクリックして，「行列の積の計算」のボックスの下部でクリックし，コマンドボタンを作成します．現れている文字の「CommandButton1」をクリックして，これを**完了**に変更します．さらにツールボックスの［コマンドボタン］をクリックして，「完了」のコマンドボタンの隣でクリックし，第2のコマンドボタンを作成します．現れている文字の「CommandButton2」をクリックして，これを**キャンセル**に変更します（図7.2）．

「行列の積の計算」のボックス上で，マウスの右側のボタンをクリックし，［タブオーダー(A)］を選択します．TextBox1をクリックし，［上に移動(U)］をクリックして一番上に移動します．さらに，TextBox2が2番目，TextBox3

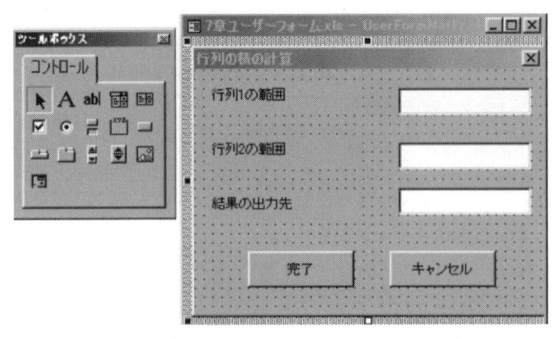

図 7.2 「ツールボックス」から「ラベル」,「テキストボックス」,「コマンドボックス」をドラッグして,「行列の積の計算」のボックスを作成する.

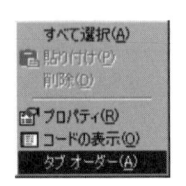

図 7.3 「行列の積の計算」のボックス上でマウス右側のボタンをクリックし, [タブ オーダー(A)] を選択する.

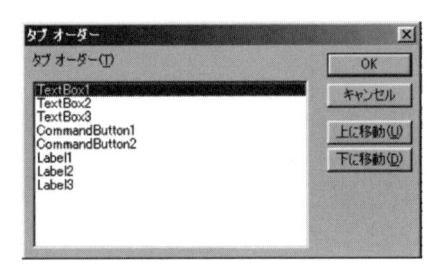

図 7.4 タブ オーダーを変更し, [OK] をクリックする.

が 3 番目, CommandButtton1 が 4 番目, CommandButtton2 が 5 番目となるようにタブオーダーを変更し, [OK] をクリックします.

次に, この「UserFormMatProd」で行なうことを指定します. メニューバーから [表示(V)]→[コード(C)] を選択してください. UserFormMatProd のコードのモジュールが現れますので, 上部左側のボックスの下向きの矢印をクリックして, 現れるリストの中から [CommandButton1] をクリックしてください (図 7.5).

Private Sub CommandButton1_Click ()

## 7.1 行列の積

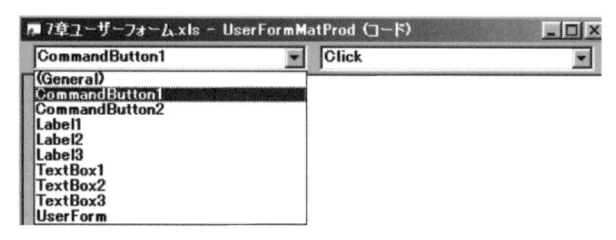

図 7.5 UserFormMatProd のコードのモジュールが現れるので，上部左側のボックスの下向きの矢印をクリックすると現れるリストの中から［CommandButton1］をクリックする．

End Sub

というコードの表示が現れます．これは，先ほど作成したコマンドボタンの CommandButton1 がクリックされた場合に行なわれるプロシージャです．これを

  Private Sub CommandButton1_Click()
  Dim RanMatA As String, RanMatB As String, RanOut As String
    RanMatA＝UserFormMatProd.TextBox1.Text
    RanMatB＝UserFormMatProd.TextBox2.Text
    RanOut＝UserFormMatProd.TextBox3.Text
  Call MatProd(RanMatA, RanMatB, RanOut)
  Unload UserFormMatProd
  End Sub

とします．「UserFormMatProd」の3つのテキストボックスに入力された行列1の範囲，行列2の範囲，出力先を3つの文字型の変数，RanMatA, RanMatB, RanOut に格納します．次に，Call プロパティを使って，これらの変数を引数とし，すでに作成した MatProd を呼び出します．Unload UserFormMatProd はこのユーザーフォームの表示を終了するステートメントです．

次に，上部左側のボックス右端の下向きの矢印をクリックすると現れるリストの中から［CommandButton2］をクリックして，

  Private Sub CommandButton2_Click()
  Unload UserFormMatProd
  End Sub

として，「キャンセル」と表示された CommandButton2 がクリックされると，このユーザーフォームが中止されるようにします（図 7.6）．

```
■ 7章ユーザーフォーム.xls - UserFormMatProd (コード)
CommandButton1                    Click

    Private Sub CommandButton1_Click()
    Dim RanMatA As String, RanMatB As String, RanOut As String
      RanMatA = UserFormMatProd.TextBox1.Text
      RanMatB = UserFormMatProd.TextBox2.Text
      RanOut = UserFormMatProd.TextBox3.Text
    Call MatProd(RanMatA, RanMatB, RanOut)
    Unload UserFormMatProd
    End Sub

    Private Sub CommandButton2_Click()
    Unload UserFormMatProd
    End Sub
```

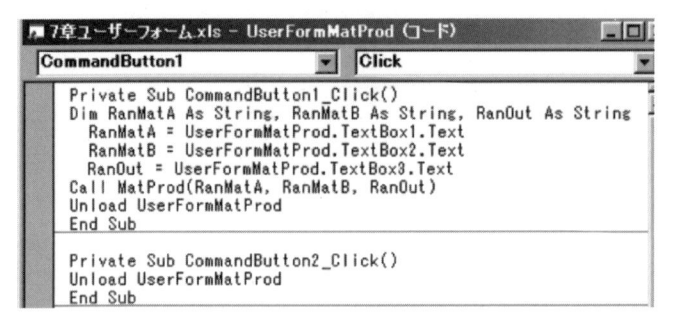

図 7.6 Private Sub CommandButton1_Click(), Private Sub CommandButton2_Click() に必要なコードを入力する.

「Sub MatProd」を変更します．画面左上の［プロジェクト-VBAProject］の［標準モジュール］の［Module1］をクリックし，［表示(V)］→［コード(C)］を選択してください．（［標準モジュール］に［Module1］が表示されていない場合は，［標準モジュール］をダブルクリックします．）「Module1」が表示されます．（なお，再び作成したユーザーフォーム「UserFormMatProd」の変更を行ないたい場合は，［プロジェクト-VBAProject］の［ユーザーフォーム］の［UserFormMatProd］をクリックし，［表示(V)］→［コード(C)］または［表示(V)］→［オブジェクト(B)］を選択します．［UserFormMatProd］が表示されていない場合は，［ユーザーフォーム］をダブルクリックします（図7.7）．）まず，Sub MatProd() を

**Sub MatProd(RanMatA As String, RanMatB As String, _**
    **RanOut As String)**

と行列の範囲や出力先が引数として参照されるように変更してください．（なお，

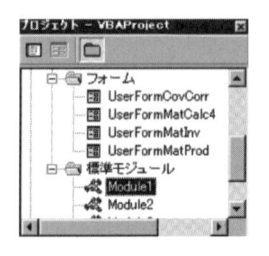

図 7.7 画面左上の［プロジェクト-VBAProject］の［標準モジュール］の［Module1］をクリックし，［表示(V)］→［コード(C)］を選択する.

ここではページの左右幅の関係上，_を使用して改行して表示していますが，実際の入力では図7.8のように改行する必要はありません．）さらに，入力範囲，出力先を指定する3つのSetで始まるステートメントを

**Set RanA=range(RanMatA)**
**Set RanB=range(RanMatB)**
**Set RanC=range(RanOut)**

と変更してください（図7.8）．

Module3を挿入して，「UserFormMatProd」を起動するプロシージャの

**Sub 行列の積()**
**UserFormMatProd.Show**
**End Sub**

を入力してください．

　これで，これでマクロが完成しましたので，Excelの「Sheet1」に戻ってください．A1:B3およびD1:E2に適当なデータを入力してください．メニューバーから［マクロ(M)］→［マクロ(M)］をクリックし，マクロのリストから「行列の積」を選択し，［実行(R)］をクリックしてこのマクロを実行してください．「行列の積の計算」と書かれたボックスが現れます．「行列1の範囲」に **A1:B3** と入力し，［Enter］キーを押すか，マウスで「行列2の範囲」のテキストボックスをクリックしてください．入力ポイントが「行列2の範囲」へ移動しますので，**D1:E2** と入力し，［Enter］キーを押すか「出力先」のテキストボックスをクリ

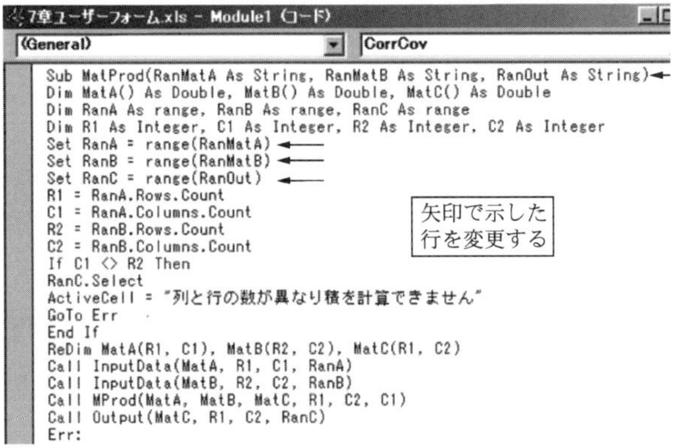

図 7.8 「Module1」のコードが表示されるので，Sub MatProd()に必要な変更を加える．

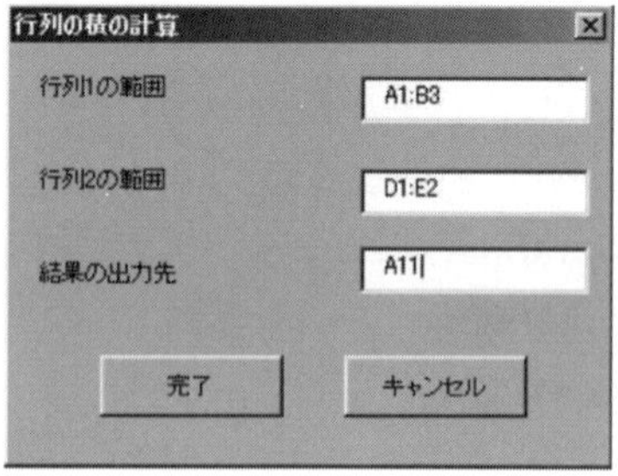

図7.9 [Module3]に作成したユーザーフォームを起動するプロシージャを入力し，Excelに戻り，対応するマクロを実行すると，「行列の積の計算」のボックスが現れる．2つの行列の範囲，出力先を入力し，[完了]をクリックすると行列の積が計算される．

ックしてください．「出力先」には **A11** を入力し，[完了]のボタンをクリックしてください．A11 から行列の積の計算結果が出力されます（図7.9）．

## 7.2 逆 行 列

今度は，逆行列の計算を行なうユーザーフォームを作成します．Visual Basic Editor に切り替え，[挿入(I)]→[ユーザーフォーム(U)]を選択してください．前節ではユーザーフォームの名前を変更しましたので，「UserForm1」と表示されたボックスが現れます．UserForm1 のプロパティのオブジェクト名の User-Form1 をクリックし，オブジェクト名を UserFormMatInv に変更してください．Caption をクリックし，これを**逆行列の計算**としてください．ボックスの上部のタイトルが「逆行列の計算」に変わります．

「逆行列の計算」のボックスをクリックしてください．「ツールボックス」が現れますので，ラベルのボタンの [A] をクリックし，マウスポインタを「行列の積の計算」のボックスの上部の適当な位置でクリックしてください．「Label1」と表示されたラベルが現れますので，これをクリックしてラベルを**入力範囲**と変更してください．「逆行列の計算」のボックスをクリックすると再び [ツールボックス] が現れますので，同様にこの下側に「Label2」のボックスをつくり，**出力先**とラベルを変更してください．

次に，「ツールボックス」の [テキストボックス] をドラッグして，「入力範囲」の隣にテキストボックスを作成します．ボックスを適当な大きさに変更してください．再び「ツールボックス」の [テキストボックス] をクリックし，「出力先」の隣にテキストボックスをつくってください．ツールボックスの [コマ

## 7.2 逆行列

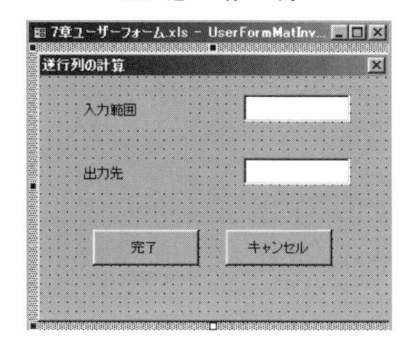

図 7.10 逆行列を計算するユーザーフォームを作成する．

ンドボタン］をクリックして「逆行列の計算」のボックスの下部でクリックし，コマンドボタンを作成します．現れている文字の［CommandButton1］をクリックして，これを**完了**に変更します．再び，ツールボックスの［コマンドボタン］をクリックして「完了」のコマンドボタンの隣でクリックし，第2のコマンドボタンを作成します．現れている文字の［CommandButton2］をクリックして，これを**キャンセル**に変更します．「逆行列の計算」のボックス上でマウスの右側のボタンをクリックし，［タブ オーダー(A)］を選択します．［TextBox1］をクリックし，［上に移動(U)］をクリックして一番上に移動します．さらに，TextBox2が2番目，CommandButtton1が3番目，CommandButtton2が4番目となるようにタブオーダーを変更し，［OK］をクリックします（図7.10）．

この「UserFormMatInv」で行なうことを指定します．メニューバーから［表示(V)］→［コード(C)］を選択してください．UserFormMatProdのコードのボックスが現れますので，上部左側のボックス右端の下向き矢印をクリックします．現れるリストの中から［CommandButton1］をクリックして，Private Sub CommandButton1_Click() を次のようにしてください．

 **Private Sub CommandButton1_Click()**
 **Dim RanMatA As String, RanOut As String**
  **RanMatA＝UserFormMatInv.TextBox1.Text**
  **RanOut＝UserFormMatInv.TextBox2.Text**
 **Call MatInv(RanMatA, RanOut)**
 **Unload UserFormMatInv**
 **End Sub**

行列の積の計算の場合と同様，「UserFormMatInv」の3つのテキストボックス

```
Private Sub CommandButton1_Click()
    Dim RanMatA As String, RanOut As String
    RanMatA = UserFormMatInv.TextBox1.Text
    RanOut = UserFormMatInv.TextBox2.Text
    Call MatInv(RanMatA, RanOut)
    Unload UserFormMatInv
End Sub

Private Sub CommandButton2_Click()
    Unload UserFormMatInv
End Sub
```

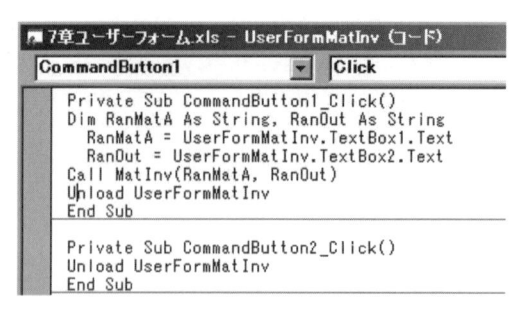

図 7.11　タブオーダーを設定し，Private Sub CommandButton1_Click(), Private Sub CommandButton2_Click() に必要なコードを入力する．

に入力された入力範囲，出力先を 2 つの文字型の変数，RanMatA, RanOut に格納します．次に，Call プロパティを使ってこれらの変数を引数とし，すでに作成した「Sub MatInv」を呼び出します．Unload UserFormMatInv はこのユーザーフォームの表示を終了するステートメントです．さらに，上部左側のボックス右端の下向き矢印をクリックして，現れるリストの中から [CommandButton2] をクリックします．Private Sub CommandButton2_Click() を

**Private Sub CommandButton2_Click()**
**Unload UserFormMatInv**
**End Sub**

として，「キャンセル」と表示された第 2 のコマンドボタンがクリックされた場合，このユーザーフォームが中止されるようにします（図 7.11）．

次に，「Sub MatInv」を変更します．[VBA プロジェクト] の [Module2] をクリックし，[表示(V)]→[コード(C)] をクリックしてください．まず，Sub MatInv() を

**Sub MatInv(RanMatA As String, RanOut As String)**

と行列の範囲や出力先を引数として参照されるように変更してください．さらに，入力範囲，出力先を定する 2 つの Set で始まるステートメントを

**Set RanA＝range(RanMatA)**
**Set RanInv＝range(RanOut)**

と変更します（図 7.12）．

Module3 に，このユーザーフォームを起動させるプロシージャを入力しますので，

**Sub 逆行列()**

## 7.2 逆行列

```
Sub MatInv(RanMatA As String, RanOut As String)
Dim RanA As range, RanInv As range
Dim MatA() As Double, InvA() As Double
Dim D As Double, n As Integer, b1 As Double, b2 As Double
Set RanA = range(RanMatA)
Set RanInv = range(RanOut)
n = RanA.Rows.Count
ReDim MatA(n, n)
ReDim InvA(n, n)
Call InputData(MatA(), n, n, RanA)
D = MDeterm(MatA, n)
If D = 0 Then
RanInv.Select
RanInv = "この行列は特異行列です."
GoTo Singular:
End If
Call MInv(MatA(), InvA(), n)
RanInv.Select
Call Output(InvA, n, n, RanInv)
```

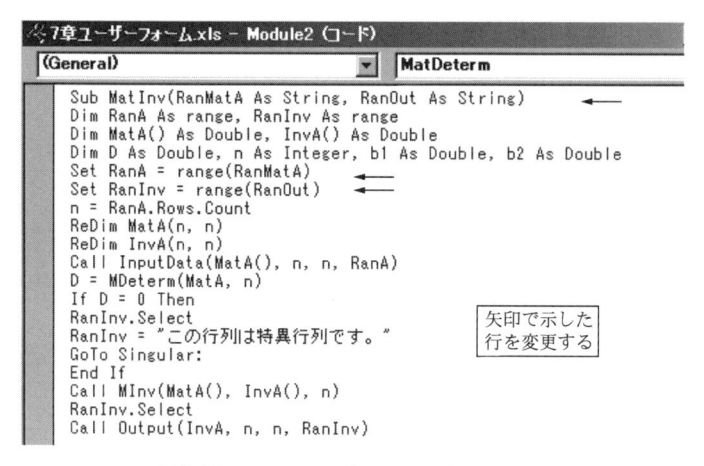

矢印で示した行を変更する

図 7.12　Sub MatInv() に必要な変更を加える.

**UserFormMatInv.Show**
**End Sub**

と入力してください.

　これでマクロが完成しましたので, Excel の「Sheet2」に戻ってください. A1:D4 に適当なデータを入力してください. メニューバーから［マクロ(M)］→［マクロ(M)］をクリックし, マクロのリストから「逆行列」を選択し,［実行(R)］をクリックして, このマクロを実行してください.「逆行列の計算」と書かれたボックスが現れます.［入力範囲］に **A1:D4** と入力し,［Enter］キーを押すか「出力先」のテキストボックスをクリックしてください. 入力ポイントが

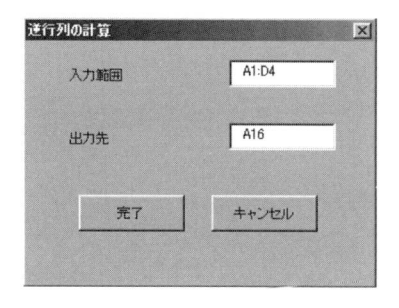

図 7.13　Module3 にユーザーフォームを起動するプロシージャを入力する. Excel に戻り, 対応するマクロを実行させると,「逆行列の計算」のボックスが現れるので, 行列の入力範囲, 出力先を指定し,［完了］をクリックする.

「出力先」へ移動しますので，**A16** と入力し，［完了］のボタンをクリックしてください．**A16** から逆行列の計算結果が出力されます（図 7.13）．

## 7.3 分散共分散行列・相関行列の計算

分散共分散・相関行列の計算を行なうユーザーフォームを作成します．Visual Basic Editor に切り替え，［挿入(I)］→［ユーザーフォーム(U)］を選択してください．「UserForm1」と表示されたボックスが現れます．UserForm1 のプロパティのオブジェクト名の UserForm1 をクリックし，オブジェクト名を **UserFormCovCorr** に変更してください．Caption をクリックし，これを**分散共分散行列・相関行列の計算**としてください．

このユーザーフォームのボックスをクリックしてください．「ツールボックス」が現れますので，ラベルのボタンの［A］をクリックし，このボックスの上部の適当な位置でクリックしてください．「Label1」と表示されたラベルが現れますので，ラベルを**データの入力範囲**と変更してください．同様に，この下側に「Label2」のボックスをつくり，**出力先**とラベルを変更してください．次に，［ツールボックス］の［テキストボックス］をドラッグして，「データの入力範囲」の隣にテキストボックスを作成します．ボックスを適当な大きさに変更してください．同様に「出力先」の隣にテキストボックスをつくってください．

実際の分析では，しばしば，分散共分散行列と相関行列のうち，どちらか一方のみが必要で，ほかは不要である場合が生じます．ここでは，チェックボックスを使って必要なもののみが出力されるようにします．「ツールボックス」の［チェックボックス］をドラッグして，「出力先」の下にチェックボックスを作成します．ラベルの「CheckBox1」を**分散共分散行列を出力する**と変更してください．同様に，この下に第 2 のチェックボックスを作り，ラベルを**相関行列を出力する**としてください．

「ツールボックス」の［コマンドボタン］をクリックして，このボックスの下部でクリックし，コマンドボタンを作成します．現れているラベルを**完了**に変更します．再び，「ツールボックス」の［コマンドボタン］をクリックして「完了」のコマンドボタンの隣でクリックし，第 2 のコマンドボタンを作成し，ラベルを**キャンセル**に変更します．このボックス上でマウスの右側のボタンをクリックし，タブオーダーが TextBox1 を 1 番目，TextBox2 を 2 番目，CheckBox1 を 3 番目，CheckBox2 を 4 番目，CommandButton1 を 5 番目，Command-

7.3 分散共分散行列・相関行列の計算    103

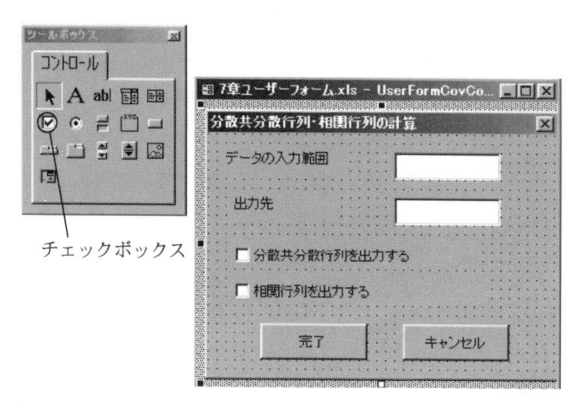

図 7.14 「分散共分散行列・相関行列の計算」を行なうユーザーフォームを作成する．

Bottun2 が 6 番目となるようにします（図 7.14）．

この「UserFormCovCorr」で行なうことを指定します．メニューバーから [表示(V)]→[コード(C)] を選択してください．UserFormMatProd のコードのボックスが現れますので，上部左側のボックス右端の下向き矢印をクリックします．現れるリストの中から [CommandButton1] をクリックして，Private Sub CommandButton1_Click() を次のようにしてください．

**Private Sub CommandButton1_Click()**
**Dim DataA As String, DataR As String, CovCalc As Integer, _**
   **CorrCalc As Integer**
   **DataA = UserFormCovCorr.TextBox1.Text**
   **DataR = UserFormCovCorr.TextBox2.Text**
**CovCalc = 1**
**If UserFormCovCorr.CheckBox1 = False Then CovCalc = 0**
**CorrCalc = 1**
   **If UserFormCovCorr.CheckBox2 = False Then CorrCalc = 0**
   **Call CorrCov(DataA, DataR, CovCalc, CorrCalc)**
**Unload UserFormCovCorr**
**End Sub**

とします．チェックボックスはそれがチェックされている場合「True」，チェックされていない場合「False」となりますので，CovCalc, CorrCalc の値を対応するチェックボックスがチェックされている場合 1，チェックされていない場合

0 としています.

次に，Private Sub CommandButton2_Click() を

**Private Sub CommandButton2_Click()**
**Unload UserFormCovCorr**
**End Sub**

としてください.

2つのチェックボックスをチェックされた状態で出力するように，初期状態を指定します．上部左側のボックス右端の下向き矢印をクリックして，現れるリストの中から［UserForm］をクリックします．さらに右側のボックス右端の矢印をクリックして，［Initialize］を選択します．

Private Sub UserForm_Initialize()
End Sub

という表示が現れます．これを

**Private Sub UserForm_Initialize()**
**UserFormCovCorr.CheckBox1=True**
**UserFormCovCorr.CheckBox2=True**
**End Sub**

とします（図 7.15）.

分散共分散行列・相関行列を計算する「Sub CorrCov」を変更します．Module1 に切り替えて，

Sub CorrCov() を

**Sub CorrCov(DataA As String, DataR As String, CovCalc As Integer, _**
**　　CorrCalc As Integer)**

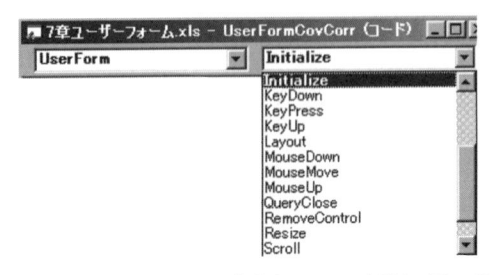

図 7.15 チェックボックスの初期状態を指定するため，左側を［UserForm］，右側を［Initialize］とする．

## 7.3 分散共分散行列・相関行列の計算

Set で始まる2つのステートメントを

**Set RanA＝range(DataA)**
**Set RanOut＝range(DataR)**

と変更してください．

さらに，CovCalc および CorrCalc が 1 の場合のみ，結果が出力されるように，RanOut.Select 以後を

**If CovCalc＝1 Then**
**Call WriteSqMat(Cov, C, "分散共分散行列")**
**End If**
**If CorrCalc＝1 Then**
**Call WriteSqMat(Corr, C, "相関行列")**
**End If**
**End Sub**

と変更してください（図 7.16）．

最後にこのユーザーフォームを呼び出すプロシージャを作成します．Module3 に

**Sub 分散共分散相関係数()**
**UserFormCovCorr.Show**
**End Sub**

と入力してください．

```
Sub CorrCov(DataA As String, DataR As String, CovCalc As Integer, _
    CorrCalc As Integer)
Dim RanA As range, RanOut As range
Dim MatA() As Double, MatAT() As Double, Cov() As Double, Corr() As Double
Dim R As Integer, C As Integer
Set RanA = range(DataA)
Set RanOut = range(DataR)
R = RanA.Rows.Count
C = RanA.Columns.Count
ReDim MatA(R, C), Cov(C, C), Corr(C, C)
Call InputData(MatA, R, C, RanA)
Call CovCorrCalc(MatA, Cov, Corr, R, C)
RanOut.Select
If CovCalc = 1 Then
Call WriteSqMat(Cov, C, "分散共分散行列")
End If
If CorrCalc = 1 Then
Call WriteSqMat(Corr, C, "相関行列")
End If
End Sub
```

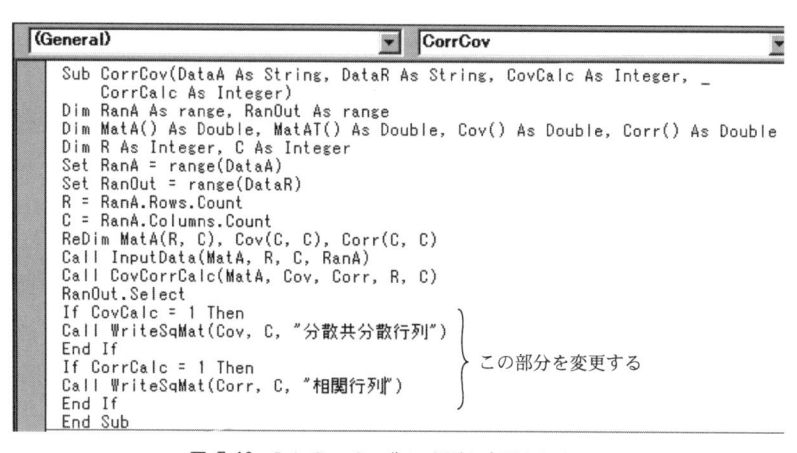

図 7.16　Sub CorrCov() に必要な変更を加える．

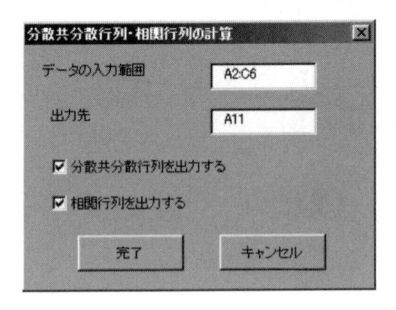

図 7.17 Module3 にユーザーフォームを起動するプロシージャを作成する．Excel に戻り，対応するマクロを実行させると「分散共分散行列・相関行列の計算」のボックスが現れるので，「データの入力範囲」，「出力先」を指定し，[完了] をクリックする．

　これで，これでマクロが完成しましたので，Excel の「Sheet3」に戻り，適当な範囲にデータを入力してください．メニューバーから [マクロ(M)]→[マクロ(M)] をクリックし，マクロのリストから「分散共分散相関行列」を選択し，[実行(R)] をクリックしてこのマクロを実行してください．データの入力範囲，出力先を指定して正しく作動することを確認してください．分散共分散行列，または，相関行列を出力しない場合は，対応するチェックボックスをマウスでクリックして，チェックされていない状態とします（図 7.17）．

## 7.4　4つまでの行列計算を行なうプロシージャ・ユーザーフォーム

　ここまでは，行列の積や逆行列を個々に計算するプロシージャ・ユーザーフォームを作成しましたが，実際のデータ解析では，$A'B^{-1}C$ のように 3 つ以上の行列計算を必要とする場合がしばしば生じます．いままで作成したプロシージャ・ユーザーフォームや Excel の関数でこれを行なうと，途中経過をいちいちワークシートに書き出す必要を生じ，大変面倒です．ここでは，4 つまでの行列の計算を行なうプロシージャ・ユーザーフォームについて説明します．このプロシージャは複雑で長くなるので，付録 CD-ROM に収録されている「7 章.xls」を適当なフォルダ（ディレクトリ）に複写し，Excel に呼び出してください．Module4 に 4 つまでの行列計算を行なうプロシージャの「Sub MatCalc4」が収録されています．7.5 節を参照してコードの意味を理解してください．このプロシージャでは，まず，最初の行列を入力します．次に，転置・逆行列を求める場合は，これらの行列を計算し，もとの行列と置き換えます．逆行列を求める際，特異行列である場合はエラーメッセージを出力します．入力された行列が 1 つであ

る場合は，これで処理を終了します．2つ以上の行列が入力されているときは，（転置・逆行列を求める場合はこれらの行列を計算し，もとの行列と置き換えて）行列の積を計算しています．

次に，行列の計算を行なうユーザーフォームについて説明します．「7章.xls」には「UserFormMatCalc4」としてこのユーザーフォームが含まれていますので，［プロジェクト-VBAProject］の［フォーム］の［UserFormMatCalc4］をダブルクリックしてください．ユーザーフォームが表示されます．ここでは，行列1から行列4までのデータ範囲と出力先，および，転置・逆行列行列を求めるかどうかを指定します．このユーザーフォームのコードを表示してください．Private Sub CommandButton1_Click()，および，Private Sub CommandButton2_Click()は，7.5節に示すようになっています．CommandButton1_Click()では，まず，行列のデータ範囲・出力範囲の入力を行ないます．出力範囲が入力されてない場合，および，行列の範囲が1つも入力されていない場合，エラーメッセージを出力し，ユーザーフォームを終了します．それ以外は，MatCalc4を呼び出して行列の計算を行ないます．Module4の最後には，このユーザーフォームを起動するプロシージャ（Sub 行列の計算）が収録されています（図7.18）．

Excelへ戻り，適当なデータを入力し，マクロの「行列の計算」を実行してください．このマクロでは1～4個の行列計算を行なうことができます．$A'$, $A^{-1}$, $(A')^{-1}$を求めたい場合は，「行列1」$A$のデータ範囲を指定し，「転置」，「逆行列」のうち，目的の項目をクリックします．「行列2」～「行列4」は空白として何

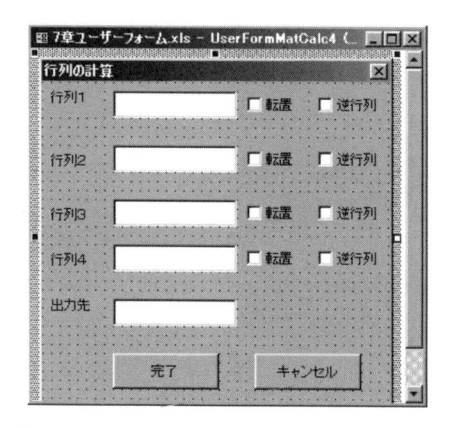

図7.18 4つまでの行列計算を行なうユーザーフォーム

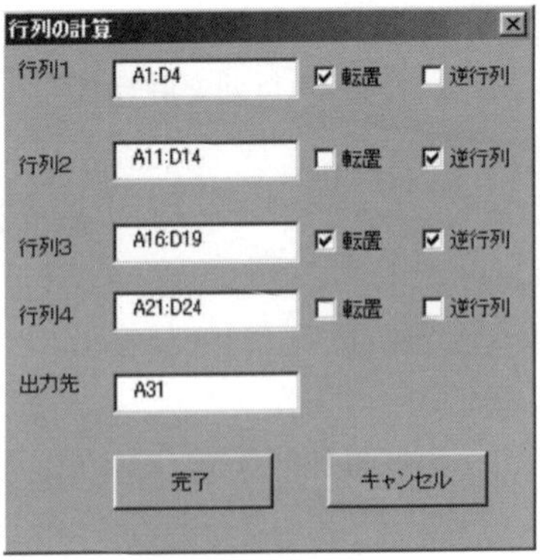

図 7.19 マクロの「行列の計算」を実行すると「行列の計算」のボックスが現れるので，行列の範囲，出力先を指定し，[完了]をクリックする．

も入力しないでください．$A'B^{-1}$ のような 2 つの行列の計算には「行列 1」と「行列 2」にデータの範囲を指定し，必要な項目をクリックします．(「行列 3」，「行列 4」は空白とします．) 同様に，$A'B^{-1}C$，$A'B^{-1}C(D')^{-1}$ のような 3, 4 個の計算では，「行列 1」〜「行列 3」，「行列 1」〜「行列 4」に行列のデータ範囲を入力し，必要な項目をクリックします (図 7.19)．

なお，多くの行列を入力する場合，**A1:D4** のように入力したのでは，面倒ですし間違いのもとになります．行列の範囲をドラッグして指定し，[挿入(I)]→[名前(N)]→[定義(D)] をクリックすると，行列の範囲に MatA のように名前を付けることができます．名前を付けておくと，MatA と名前を入力することによって入力範囲を指定できますので便利で，間違いを防ぐことができます．(なお，C など範囲の名前とすることのできない文字があります．また，A1, BD12 のようにアルファベット 1 文字または 2 文字の後に数字がくるものは，セル番地と一致してしまいますので，名前として使うことはできません．)

## 7.5 プロシージャ・ユーザーフォームのコード

### 7.5.1 コード

4 つまでの行列計算を行なうプロシージャ (Module4 に含まれています) およびユーザーフォーム「UserFormMatCalc4」のコードは次の通りです．

#### a. プロシージャ

```
Sub MatCalc4(RanInput() As String, NumMat As Integer, _
    TransInv() As Integer)
```

7.5 プロシージャ・ユーザーフォームのコード

```
Dim MatA() As Double, MatB() As Double, MatC() As Double, _
    MatD As Double, MatE() As Double
Dim RanA As range, RanB As range, RanC As range, RanD As range, _
    RanE As range
Dim C1 As Integer, R1 As Integer, C2 As Integer, R2 As Integer, D As Double
Set RanA=range(RanInput(1))
Set RanC=range(RanInput(5))
  R1=RanA.Rows.Count
  C1=RanA.Columns.Count
  ReDim MatA(R1, C1)
Call InputData(MatA, R1, C1, RanA)
D=1
Call MTransInv(MatA, TransInv, R1, C1, D, 1, RanC)
If D=0 Then GoTo Err :
  If NumMat=1 Then
  Call Output(MatA, R1, C1, RanC)
  GoTo OneMat :
  End If
For i=2 To NumMat
Set RanB=range(RanInput(i))
R2=RanB.Rows.Count
C2=RanB.Columns.Count
ReDim MatB(R2, C2)
Call InputData(MatB, R2, C2, RanB)
Call MTransInv(MatB, TransInv, R2, C2, D, i, RanC)
If D=0 Then GoTo Err :
  If C1 <> R2 Then
  RanC.Select
  ActiveCell="列と行の数が異なり積を計算できません."
  GoTo Err
  End If
ReDim MatC(R1, C2)
Call MProd(MatA, MatB, MatC, R1, C2, C1)
ReDim MatA(R1, C2)
Call MCopy(MatC, MatA, R1, C2)
C1=C2
Next i
Call Output(MatC, R1, C2, RanC)
OneMat :
Err :
End Sub


Sub MTransInv(MatA() As Double, TransInv() As Integer, R As Integer, _
```

```
    C As Integer, D As Double, i As Integer, RanC As range)
  If TransInv(i, 1)=1 Then Call MTrans2(MatA, R, C)
  If TransInv(i, 2)=1 Then Call MInv2(MatA, R, D)
  If D=0 Then RanC="特異行列です．行列" & i
End Sub

Sub MTrans2(MatA() As Double, R As Integer, C As Integer)
Dim MatB() As Double, k As Integer
ReDim MatB(C, R)
Dim i As Integer, j As Integer
Call MTrans(MatA, MatB, R, C)
ReDim MatA(C, R)
  For i=1 To C
  For j=1 To R
  MatA(i, j)=MatB(i, j)
  Next j
  Next i
k=R
R=C
C=k
End Sub

Sub MInv2(MatA() As Double, n As Integer, D As Double)
Dim InvA() As Double
ReDim InvA(n, n)
D=MDeterm(MatA, n)
  If D <> 0 Then
  Call MInv(MatA, InvA, n)
  Call MCopy(InvA, MatA, n, n)
  End If
End Sub

Sub 行列の計算()
UserFormMatCalc4.Show
End Sub
```

## b. ユーザーフォーム

```
Private Sub CommandButton1_Click()
Dim Ran(5) As String, n As Integer, j As Integer
Dim TransInv(4, 2) As Integer
  Ran(1)=UserFormMatCalc4.TextBox1.Text
  Ran(2)=UserFormMatCalc4.TextBox2.Text
  Ran(3)=UserFormMatCalc4.TextBox3.Text
```

```
  Ran(4) = UserFormMatCalc4.TextBox4.Text
  Ran(5) = UserFormMatCalc4.TextBox5.Text
n=0
i=0
  Do
  i=i+1
  If Ran(i) <> "" Then n=n+1
  Loop Until Ran(i)="" Or i=4
For i=1 To 4
  For j=1 To 2
  TransInv(i, j)=0
  Next j
Next i
  If UserFormMatCalc4.CheckBox1=True Then TransInv(1, 1)=1
  If UserFormMatCalc4.CheckBox2=True Then TransInv(1, 2)=1
  If UserFormMatCalc4.CheckBox3=True Then TransInv(2, 1)=1
  If UserFormMatCalc4.CheckBox4=True Then TransInv(2, 2)=1
  If UserFormMatCalc4.CheckBox5=True Then TransInv(3, 1)=1
  If UserFormMatCalc4.CheckBox6=True Then TransInv(3, 2)=1
  If UserFormMatCalc4.CheckBox7=True Then TransInv(4, 1)=1
  If UserFormMatCalc4.CheckBox8=True Then TransInv(4, 2)=1
If Ran(5)="" Then
Do
ActiveCell.Offset(1, 0).range("A1").Select
Loop Until ActiveCell=""
ActiveCell="出力範囲が入力されていません."
GoTo Err :
End If
  If n=0 Then
  range(Ran(5))="行列範囲が入力されていません."
  GoTo Err
  End If
Call MatCalc4(Ran, n, TransInv)
Err :
Unload UserFormMatCalc4
End Sub


Private Sub CommandButton2_Click()
Unload UserFormMatCalc4
End Sub
```

## 7.5.2 プロシージャの説明

前項に掲載したプロシージャ・ユーザーフォームについて説明します．

### a．プロシージャのコード

Sub MatCalc4：

——プロシージャの引数の NumMat は計算する行列の数です．RanInput は，入力するデータの範囲，出力先を格納先を与える配列変数です．RanInput(1) から RanInput(4) までが入力するデータの範囲で，RanInput(5) が出力先です．TransInv はその行列を転置するか，逆行列を求めるかを与える配列変数です．NumMat＝1 で行列が 1 つの場合は，TransInv の値にしたがって，転置するか，逆行列を計算するかのみを行い，結果を出力します．NumMat＞1 で 2 つ以上の行列がある場合は，TransInv の値に応じて行列の転置，逆行列の計算を行ない，行列の積を計算します．行列の計算ができない場合は，誤りに対応したエラーメッセージを出力します．

Sub MTransInv：

——TransInv(i, 1)＝1 の場合は行列の転置を，TransInv(i, 2)＝1 の場合は逆行列を計算します．

Sub MTrans2：

——「Sub MTrans」を使って，転置行列を計算し，もとの行列と置き換えます．

Sub MInv2：

——行列式の値が 0 でない場合，「Sub MInv」を使って逆行列を計算し，もとの行列と置き換えます．

Sub 行列の計算：

——ユーザーフォーム「UserFormMatCalc4」を起動します．

### b．ユーザーフォーム

Private Sub CommandButton1_Click()：

——CommandButton1 がクリックされた場合，テキストボックスからデータの範囲を入力し，入力する行列の個数を数えます．入力する行列の範囲が 1 つも指

定されていない場合，および出力先が指定されていない場合は，エラーメッセージを出力して処理を終了します．チェックボックスがチェックされている場合，対応する TransInv の値を 1 とし，転置行列・逆行列の計算を行なうことを指示し，「Sub MatCalc4」を使って，行列計算・結果の出力を行ないます．

Private Sub CommandButton2_Click()：
——CommandButton2 がクリックされた場合，このユーザーフォームが終了します．

## 7.6 演習問題

5 章で作成した行列の和を計算するプロシージャを変更して，4 つまで行列の和 $B=\sum A_i$ を求めるプロシージャ・ユーザーフォームを作成してください．

# 8. 回帰分析と最小二乗法

　回帰分析は，統計モデルを使った分析において，中心的な役割を果たす非常に重要な分析方法です．回帰分析は，$X$ で $Y$ を説明し，その定量的な関係のモデルを求めることを目的とする分析手法です．本章では，最小二乗法によって回帰モデルを推定するプロシージャ，および，データの入力，結果の出力を行なうユーザーフォームについて説明します．なお，回帰分析の説明については必要最小限に留めましたので，詳細は拙著「Excel による回帰分析入門」などを参照してください．

## 8.1 回帰モデルとは

### 8.1.1 単回帰モデル

　2 変数 $X, Y$ の 2 次元データがあるとき，データから $Y$ を $X$ で定量的に説明する回帰方程式と呼ばれる式を求めることを目的としています．2 変数の定量的な関係を知ることは，しばしば，非常に重要なこととなります．例えば，$X$ を夏期におけるある日の最高気温，$Y$ を最高気温によって消費が影響を受ける製品（アイスクリームやビールなど）の同日の販売量とします．両者の関係を知ることは，その製品の製造・流通管理を行なう上で必要不可欠なことです．

　説明変数を $X$，被説明変数を $Y$ とすると，$X$ によって系統的に変化する部分と，それ以外のばらつきの部分に分けて分析することが考えられます．$X$ によって系統的に変化する部分を $y$ として，$X$ の取りうる値 $x$ の関数で，

$$y = \beta_1 + \beta_2 x \qquad (8.1)$$

と表されるとします．これは，回帰方程式や回帰関数と呼ばれます．ここでは，$y$ が $x$ の線形関数である線形回帰のみを考えます．なお，もとの回帰関数が非線形であっても，対数を取るなどの関数変換によって線形モデルに変更可能な場合や，あるいは，テーラー展開などによって近似可能な場合も数多くあります．線形モデルは応用範囲が非常に広く，統計モデルの中心的なモデルとなっていま

す．

ここで，$i$ 番目の観測値を $(X_i, Y_i)$，ばらつきの部分を $u_i$ とすると

$$Y_i = \beta_1 + \beta_2 X_i + u_i, \quad i = 1, 2, \cdots, n \tag{8.2}$$

となります．このモデルは，母集団において成り立つ関係ですので，母回帰方程式（population regression equation）と呼ばれています．$\beta_1, \beta_2$ は母（偏）回帰係数（population (partial) regression coefficient）と呼ばれる未知のパラメータです．$u_i$ は誤差項（error term）と呼ばれます．

### 8.1.2 重回帰モデル

前項では，説明変数がただ1つのモデルを考えてきました．この場合を，単回帰分析，または，単純回帰分析と呼びます．しかしながら，複数の説明変数が被説明変数に影響すると考えられる場合が数多く存在します．例えば，ある商品の消費量を考えた場合，説明変数としては，収入，資産保有高，性別，年齢などいくつかのものが考えられます．このように，2つ以上の説明変数がある場合を重回帰分析と呼びます．

重回帰方程式は，複数の説明変数 $X_2, X_3, \cdots, X_k$ を含み，母集団において

$$Y_i = \beta_1 + \beta_2 X_{2i} + \beta_3 X_{3i} + \cdots + \beta_k X_{ki} + u_i, \quad i = 1, 2, \cdots, n \tag{8.3}$$

となります．$\beta_1, \beta_2, \cdots, \beta_k$ は未知のパラメータで，ほかの説明変数の影響を取り除いた純粋な影響を表しています．$u_i$ は誤差項で，説明変数および誤差項は次の仮定を満足するものとします．

<u>仮定1</u>　$X_{2i}, X_{3i}, \cdots, X_{ki}$ は確率変数でなく，すでに確定した値を取る．

<u>仮定2</u>　$u_i$ は確率変数で期待値が0．すなわち，$E(u_i) = 0, \ i = 1, 2, \cdots, n$．

<u>仮定3</u>　異なった誤差項は無相関．すなわち，$i \neq j$ であれば，$Cov(u_i, u_j) = E(u_i, u_j) = 0$．

<u>仮定4</u>　分散が一定で $\sigma^2$．すなわち，$V(u_i) = E(u_i^2) = \sigma^2, \ i = 1, 2, \cdots, n$．これを分散均一性（homoskedasticity）と呼びます．

<u>仮定5</u>　説明変数は他の説明変数の線形関数では表されない，すなわち，

$$\alpha_1 + \alpha_2 \cdot X_{2i} + \alpha_3 \cdot X_{3i} + \cdots + \alpha_k X_{ki} = 0, \quad i = 1, 2, \cdots, n$$

となる $\alpha_1, \alpha_2, \cdots, \alpha_k$ は $\alpha_1 = \alpha_2 = \cdots = \alpha_k = 0$ 以外，存在しない．これを説明変数間に完全な多重共線性（multicolinearity）がないといいます．

## 8.2 最小二乗法

重回帰方程式は，$k$ 個の未知の母(偏)回帰係数 $\beta_1, \beta_2, \cdots, \beta_k$ を含んでいますので，これを標本から推定します．これには，単回帰分析の場合と同様，最小二乗法が用いられます．すなわち，

$$u_i = Y_i - (\beta_1 + \beta_2 X_{2i} + \beta_3 X_{3i} + \cdots + \beta_k X_{ki}) \tag{8.4}$$

ですが，その二乗和

$$S = \sum u_i^2 = \sum \{Y_i - (\beta_1 + \beta_2 X_{2i} + \beta_3 X_{3i} + \cdots + \beta_k X_{ki})\}^2 \tag{8.5}$$

を最小にする $\beta_1, \beta_2, \cdots, \beta_k$ の値を求めます．このために $S$ をそれぞれの $\beta_j$ で偏微分して 0 と置いた $k$ 次の連立方程式

$$\begin{aligned}\frac{\partial S}{\partial \beta_1} &= -2\sum\{Y_i - (\beta_1 + \beta_2 X_{2i} + \beta_3 X_{3i} + \cdots + \beta_k X_{ki})\} = 0 \\ \frac{\partial S}{\partial \beta_2} &= -2\sum X_{2i}\{Y_i - (\beta_1 + \beta_2 X_{2i} + \beta_3 X_{3i} + \cdots + \beta_k X_{ki})\} = 0 \\ &\vdots \\ \frac{\partial S}{\partial \beta_k} &= -2\sum X_{ki}\{Y_i - (\beta_1 + \beta_2 X_{2i} + \beta_3 X_{3i} + \cdots + \beta_k X_{ki})\} = 0\end{aligned} \tag{8.6}$$

を考えます．

この連立方程式は $\beta_1, \beta_2, \cdots, \beta_k$ の線形の連立方程式となりますので，解くことができます．最小二乗推定量 $\hat{\beta}_1, \hat{\beta}_2, \cdots, \hat{\beta}_k$ は，この連立方程式の解で，標本(偏)回帰係数と呼ばれます．（仮定 5 は解が存在することを保証しています．）

この結果得られた

$$y = \hat{\beta}_1 + \hat{\beta}_2 x_2 + \hat{\beta}_3 x_3 + \cdots + \hat{\beta}_k x_k$$

および，$E(Y_i)$ の推定量

$$\hat{Y}_i = \hat{\beta}_1 + \hat{\beta}_2 X_{2i} + \hat{\beta}_3 X_{3i} + \cdots + \hat{\beta}_k X_{ki} \tag{8.7}$$

は，それぞれ，標本回帰方程式，当てはめ値と呼ばれます．

誤差項 $u_i$ の分散 $\sigma^2$ は，回帰残差 $e_i = Y_i - \hat{Y}_i$ から

$$\frac{\sum e_i^2}{n-k} \tag{8.8}$$

で推定します．

## 8.3 回帰モデル・最小二乗法の行列による表示

最小二乗法は，

$$S = \sum \{Y_i - (\beta_1 + \beta_2 X_{2i} + \beta_3 X_{3i} + \cdots + \beta_k X_{ki})\}^2 \tag{8.9}$$

を最小にすることによって，$\beta_1, \beta_2, \beta_3, \cdots, \beta_k$ の推定量を求める方法です．行列とベクトルを使うと，推定量やその分散などを簡単に表すことができ，前章までに作成した行列計算を行なうプロシージャを使って，最小二乗法によって回帰モデルの推定を行なうことができます．ここでは回帰モデルおよび最小二乗法の行列・ベクトルによる表示について説明します．

### 8.3.1 回帰モデルの行列表示

ここでは，重回帰モデル

$$Y_i = \beta_1 + \beta_2 X_{2i} + \beta_3 X_{3i} + \cdots + \beta_k X_{ki} + u_i, \quad i=1,2,3,\cdots n \tag{8.10}$$

を行列とベクトルを使って表示してみます．$\boldsymbol{\beta}$ と $\boldsymbol{x}_i$ を次のような $k$ 次元のベクトルとします．

$$\boldsymbol{\beta} = \begin{bmatrix} \beta_1 \\ \beta_2 \\ \beta_3 \\ \vdots \\ \beta_k \end{bmatrix}, \quad \boldsymbol{x}_i = \begin{bmatrix} 1 \\ X_{2i} \\ X_{3i} \\ \vdots \\ X_{ki} \end{bmatrix} \tag{8.11}$$

$\boldsymbol{\beta}$ は $k$ 個の未知のパラメータを並べた列ベクトル，$\boldsymbol{x}_i$ は $i$ 番目の対象に対する各変数のデータを並べた列ベクトルで，最初の要素の1は定数項に対応しています．いま，$\boldsymbol{x}_i$ の転置ベクトル $\boldsymbol{x}_i'$ と $\boldsymbol{\beta}$ の積を考えてみましょう．

$$\boldsymbol{x}_i' \boldsymbol{\beta} = \beta_1 + \beta_2 X_{2i} + \beta_3 X_{3i} + \cdots + \beta_k X_{ki} \tag{8.12}$$

となりますので，結局，式 (8.10) は，ベクトルを使うと

$$Y_i = \boldsymbol{x}_i' \boldsymbol{\beta} + u_i, \quad i=1,2,3,\cdots,n \tag{8.13}$$

と表すことができます．

これを行列を使って，さらに簡単に表示してみます．いま，$\boldsymbol{y}$ が $n$ 次元のベクトル，$\boldsymbol{X}$ が $n \times k$ の行列，$\boldsymbol{u}$ が $n$ 次元のベクトルで

$$\boldsymbol{y} = \begin{bmatrix} Y_1 \\ Y_2 \\ Y_3 \\ \vdots \\ Y_n \end{bmatrix}, \quad \boldsymbol{X} = \begin{bmatrix} \boldsymbol{x}_1' \\ \boldsymbol{x}_2' \\ \boldsymbol{x}_3' \\ \vdots \\ \boldsymbol{x}_n' \end{bmatrix} = \begin{bmatrix} 1 & X_{21} & X_{31} & \cdots & X_{k1} \\ 1 & X_{22} & X_{32} & \cdots & X_{k2} \\ 1 & X_{23} & X_{33} & \cdots & X_{k3} \\ \vdots & \vdots & \vdots & \ddots & \vdots \\ 1 & X_{2n} & X_{3n} & \cdots & X_{kn} \end{bmatrix}, \quad \boldsymbol{u} = \begin{bmatrix} u_1 \\ u_2 \\ u_3 \\ \vdots \\ u_n \end{bmatrix} \tag{8.14}$$

とします．$\boldsymbol{y}$ および $\boldsymbol{u}$ は $n$ 個の被説明変数のデータを並べたベクトルです．$\boldsymbol{X}$

は説明変数のデータを並べた行列で，1列目は定数項に対応し，すべての要素が1，2〜$k$列は$X_2$〜$X_k$のデータとなっています．$u$は$n$個の誤差項を並べたベクトルです．行列$X$とベクトル$\beta$の積を考えると（$X$は$n\times k$，$\beta$は$k\times 1$ですので$X\beta$は計算可能で次数は$n\times 1$，すなわち，$n$次元の列ベクトルとなります．），

$$X\beta = \begin{bmatrix} x_1'\beta \\ x_2'\beta \\ x_3'\beta \\ \vdots \\ x_k'\beta \end{bmatrix} \tag{8.15}$$

となります．したがって，式 (8.10) は，式 (8.14) で定義された行列とベクトルを使うと，

$$y = X\beta + u \tag{8.16}$$

と表すことができます．ここで，

$$u = y - X\beta = \begin{bmatrix} Y_1 - (\beta_1 + \beta_2 X_{21} + \beta_3 X_{31} + \cdots + \beta_k X_{k1}) \\ Y_2 - (\beta_1 + \beta_2 X_{22} + \beta_3 X_{32} + \cdots + \beta_k X_{k2}) \\ \vdots \\ Y_n - (\beta_1 + \beta_2 X_{2n} + \beta_3 X_{3n} + \cdots + \beta_k X_{kn}) \end{bmatrix} \tag{8.17}$$

ですので，

$$S = u'u = (y - X\beta)'(y - X\beta) \tag{8.18}$$

となります．

推定量は，$\beta_1, \beta_2, \cdots, \beta_k$で偏微分して，0と置いた$k$次の連立方程式

$$\begin{aligned} \partial S/\partial \beta_1 &= 0 \\ \partial S/\partial \beta_2 &= 0 \\ &\vdots \\ \partial S/\partial \beta_k &= 0 \end{aligned} \tag{8.19}$$

から求めます．式 (8.19) は，

$$\frac{\partial S}{\partial \beta} = \mathbf{0} \tag{8.20}$$

と表すことができます．（$\mathbf{0}$はすべての要素が0の$k$次元のベクトルです．）

$X'X$は対称行列ですので，ベクトルによる微分の公式から，

$$\frac{\partial S}{\partial \beta} = -2X'y + 2X'X\beta \tag{8.21}$$

## 8.3 回帰モデル・最小二乗法の行列による表示

となります．$\hat{\boldsymbol{\beta}}$ を最小二乗推定量のベクトル

$$\hat{\boldsymbol{\beta}} = \begin{bmatrix} \hat{\beta}_1 \\ \hat{\beta}_2 \\ \vdots \\ \hat{\beta}_k \end{bmatrix} \tag{8.22}$$

とすると，

$$(X'X)\hat{\boldsymbol{\beta}} = X'y \tag{8.23}$$

となります．$X'X$ は $k \times k$ の正方行列ですが，説明変数間に完全な多重共線性がない場合は非特異行列で，逆行列 $(X'X)^{-1}$ が存在します．（完全な多重共線性がある場合は特異行列となり逆行列は存在せず，$\hat{\boldsymbol{\beta}}$ の推定を行なうことはできません．）したがって，

$$\hat{\boldsymbol{\beta}} = (X'X)^{-1} X'y \tag{8.24}$$

となり，これが行列とベクトルによる最小二乗推定量の公式となっています．

また，当てはめ値，残差および残差の平方和は，

$$\begin{aligned}
\hat{y} &= X\hat{\boldsymbol{\beta}} = X(X'X)^{-1}X'y \\
e &= y - \hat{y} = [I_n - X(X'X)^{-1}X']y \\
S &= y'[I_n - X(X'X)^{-1}X']y
\end{aligned} \tag{8.25}$$

と表すことができます．

### 8.3.2 最小二乗推定量の分散

式 (8.24) に式 (8.16) を代入すると，

$$\begin{aligned}
\hat{\boldsymbol{\beta}} &= (X'X)^{-1}X'y \\
&= (X'X)^{-1}X'(X\boldsymbol{\beta} + u) \\
&= \boldsymbol{\beta} + (X'X)^{-1}X'u
\end{aligned} \tag{8.26}$$

となります．したがって，

$$E(\hat{\boldsymbol{\beta}}) = \boldsymbol{\beta} + (X'X)^{-1}X'E(u) = \boldsymbol{\beta}$$

となり，$\hat{\boldsymbol{\beta}}$ は不偏推定量となっています．また，

$$E[(\hat{\boldsymbol{\beta}} - \boldsymbol{\beta})(\hat{\boldsymbol{\beta}} - \boldsymbol{\beta})']$$
$$= \begin{bmatrix} E(\hat{\beta}_1 - \beta_1)^2 & E(\hat{\beta}_1 - \beta_1)(\hat{\beta}_2 - \beta_2) & \cdots & E(\hat{\beta}_1 - \beta_1)(\hat{\beta}_k - \beta_k) \\ E(\hat{\beta}_2 - \beta_2)(\hat{\beta}_1 - \beta_1) & E(\hat{\beta}_2 - \beta_2)^2 & \cdots & E(\hat{\beta}_2 - \beta_2)(\hat{\beta}_k - \beta_k) \\ \vdots & \vdots & \ddots & \vdots \\ E(\hat{\beta}_k - \beta_k)(\hat{\beta}_1 - \beta_1) & E(\hat{\beta}_k - \beta_k)(\hat{\beta}_2 - \beta_2) & \cdots & E(\hat{\beta}_k - \beta_k)^2 \end{bmatrix}$$

$$= \begin{bmatrix} V(\hat{\beta}_1) & Cov(\hat{\beta}_1, \hat{\beta}_2) & \cdots & Cov(\hat{\beta}_1, \hat{\beta}_k) \\ Cov(\hat{\beta}_2, \hat{\beta}_1) & V(\hat{\beta}_2) & \cdots & Cov(\hat{\beta}_2, \hat{\beta}_k) \\ \vdots & \vdots & \ddots & \vdots \\ Cov(\hat{\beta}_k, \hat{\beta}_1) & Cov(\hat{\beta}_k, \hat{\beta}_2) & \cdots & V(\hat{\beta}_k) \end{bmatrix} \quad (8.27)$$

ですので，$V(\hat{\boldsymbol{\beta}}) \equiv E[(\hat{\boldsymbol{\beta}} - \boldsymbol{\beta})(\hat{\boldsymbol{\beta}} - \boldsymbol{\beta})']$ は推定量の分散・共分散を表す $k \times k$ の分散共分散行列となっています．（対角成分が分散，非対角成分が共分散です．）式 (8.26) を代入すると，

$$\begin{aligned} V(\hat{\boldsymbol{\beta}}) &= E[(X'X)^{-1}X'\boldsymbol{u}\boldsymbol{u}'X(X'X)^{-1}] \\ &= (X'X)^{-1}X'\sigma^2 I_n X(X'X)^{-1} \\ &= \sigma^2(X'X)^{-1}(X'X)(X'X)^{-1} \\ &= \sigma_2(X'X)^{-1} \end{aligned} \quad (8.28)$$

となります．$\sigma^2$ は未知ですので，これに

$$s^2 = \frac{e'e}{n-k}$$

を代入した

$$\hat{V}(\hat{\boldsymbol{\beta}}) = s^2(X'X)^{-1} \quad (8.29)$$

から，最小二乗推定量 $\hat{\boldsymbol{\beta}}$ の分散，共分散，標準誤差を推定することができます．

## 8.4 最小二乗推定量を計算するプロシージャ

ここでは，これまで作成した行列を計算するプロシージャを使って，最小二乗推定量 $\hat{\boldsymbol{\beta}}$ を求めるプロシージャを作成してみます．行列式を計算するプロシージャは複雑で長くなるので，付録 CD-ROM に収録されている「8 章 a.xls」を適当なフォルダー（ディレクトリ）に複写し，Excel に呼び出してください．Sheet1 の A1 から C7 に，

| y | x2 | x3 |
|---|----|----|
| 2 | 2  | 4  |
| 3 | 2  | 3  |
| 1 | 3  | 3  |
| 4 | 4  | 1  |
| 5 | 4  | 2  |
| 4 | 5  | 1  |

と入力してください．最小二乗法によって回帰モデルの推定を行なうプロシージ

ャは Module5 に含まれています．Excel からの入力を行なうユーザーフォーム
は「UserFormLeastSquares」です．8.5 節を参考にして，コードの意味を理解
してください．

収録されたプロシージャでは，まず，データの入力を行ないますが，$\boldsymbol{y}$ と $\boldsymbol{X}$
の観測数が異なる場合はエラーメッセージを出力して処理を終了します．次に
$\boldsymbol{X}$ の第 1 列が 1 となるようにします．これまでに作成した，行列の転置，積，
逆行列を計算するプロシージャを使い，$\boldsymbol{X}'\boldsymbol{X}, (\boldsymbol{X}'\boldsymbol{X})^{-1}, \boldsymbol{X}'\boldsymbol{y}$ を計算します．
$\boldsymbol{X}'\boldsymbol{X}$ の行列式の値が 0 で特異行列となり，逆行列 $(\boldsymbol{X}'\boldsymbol{X})^{-1}$ が存在しない場合
は，エラーメッセージを出力して処理を終了します．逆行列が存在する場合は，
$\hat{\boldsymbol{\beta}} = (\boldsymbol{X}'\boldsymbol{X})^{-1}\boldsymbol{X}'\boldsymbol{y}$ を計算して最小二乗推定量 $\hat{\boldsymbol{\beta}}$ を求めます．最後に，当てはめ
値 $\hat{y}_i$ および残差 $e_i$ を求め，$s^2 = \sum e_i^2 / (n-k)$，$s^2 (\boldsymbol{X}'\boldsymbol{X})^{-1}$ を計算して $\hat{\boldsymbol{\beta}}$ の分散
共分散行列を求め結果を出力します．また，ユーザーフォームの「UserForm-
LeastSquares」では，$Y$ のデータ範囲，$X$ のデータ範囲，出力先を入力し，最
小二乗法による回帰モデルの推計を行ないます．

Excel に戻り，マクロの「最小二乗法」を実行してください．「Y のデータ範
囲」には **A2:A7**，「X のデータ範囲」には **B2:C7**，「出力先」には **A11** を指定し
ます．A11 を先頭とする範囲に $\hat{\boldsymbol{\beta}}$ の推定値およびその標準誤差，$t$ 値，分散共
分散行列が出力されます（図 8.1）．

次に，計算結果が正しいことを確認してみます．メニューバーから［ツール
(T)］→［分析ツール (D)］を選択してください．「分析ツール」のボックスが開
くので，［回帰分析］を選択します．「回帰分析」のボックスが開くので［入力
Y 範囲 (Y)］に **A2:A7**，［入力 X 範囲 (X)］に **B2:C7** を指定します．［出力オプ
ション］の［一覧の出力先 (S)］をクリックし，**F11** を指定し，［OK］をクリッ

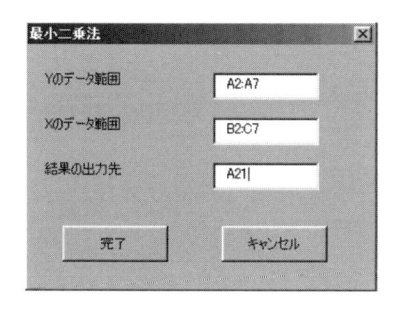

図 8.1 マクロの「最小二乗法」を実行すると，「最小二乗法」のボックスが現われるので，
データの範囲・出力先を指定し，［完了］をクリックする．

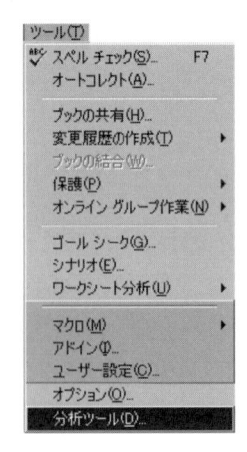

図 8.2 ［ツール(T)］→［分析ツール(D)］をクリックする．［分析ツール］が［ツール］のメニューにない場合は，［アドイン(I)］をクリックし，［分析ツール］をクリックしてチェックされている状態とする．

図 8.3 「データ分析」のボックスが開くので，「回帰分析」をクリックする．

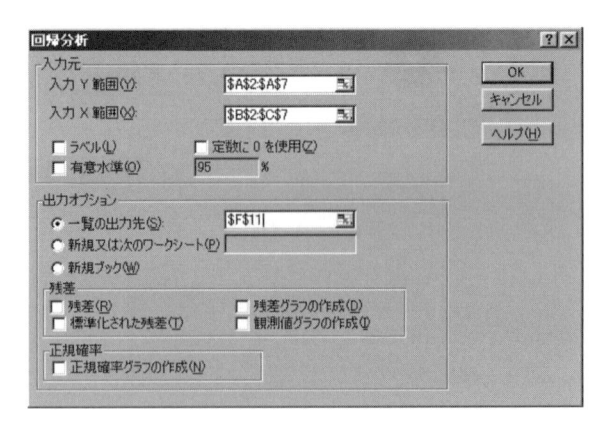

図 8.4 データの範囲，出力先を入力し，［OK］をクリックする．

| | A | B | C | D | E | F | G | H | I | J | |
|---|---|---|---|---|---|---|---|---|---|---|---|
| 11 | 変数 | 推定値 | 標準誤差 | t値 | | 概要 | | | | | |
| 12 | 定数項 | 5.571429 | 6.585389 | 0.846029 | | | | | | | |
| 13 | X2 | −0.07143 | 1.184509 | −0.0603 | | 回帰統計 | | | | | |
| 14 | X3 | −0.92857 | 1.184509 | −0.78393 | | 重相関 R | 0.710981 | | | | |
| 15 | | | | | | 重決定 R2 | 0.505495 | | | | |
| 16 | 分散共分散行列 | | | | | 補正 R2 | 0.175824 | | | | |
| 17 | 43.36735 | −7.65306 | −7.52551 | | | 標準誤差 | 1.336306 | | | | |
| 18 | −7.65306 | 1.403061 | 1.27551 | | | 観測数 | 6 | | | | |
| 19 | −7.52551 | 1.27551 | 1.403061 | | | | | | | | |
| 20 | | | | | | 分散分析表 | | | | | |
| 21 | | | | | | | 自由度 | 変動 | 分散 | された分 | 有 |
| 22 | | | | | | 回帰 | 2 | 5.47619 | 2.738095 | 1.533333 | 0.3 |
| 23 | | | | | | 残差 | 3 | 5.357143 | 1.785714 | | |
| 24 | | | | | | 合計 | 5 | 10.83333 | | | |
| 25 | | | | | | | | | | | |
| 26 | | | | | | | 係数 | 標準誤差 | t | P−値 | 下 |
| 27 | | | | | | 切片 | 5.571429 | 6.585389 | 0.846029 | 0.45968 | −1 |
| 28 | | | | | | X 値 1 | −0.07143 | 1.184509 | −0.0603 | 0.955707 | −3 |
| 29 | | | | | | X 値 2 | −0.92857 | 1.184509 | −0.78393 | 0.49028 | −4 |
| 30 | | | | | | | | | | | |

図 8.5　作成したプロシージャの結果（左側）と「分析ツール」の「回帰分析」による結果（右側）は一致しており，プロシージャが正しいことが確認できる．

クすると，回帰分析の計算結果が **F11** を先頭とする範囲に出力されます．$\hat{\boldsymbol{\beta}}$ の推定値，および，その標準誤差は，いま作成したプロシージャのものと一致しており，プロシージャの正しいことが確認できます（図 8.2〜8.5）．（なお，［分析ツール(D)］がメニューにない場合は，［ツール(T)］の［アドイン(I)］をクリックしてください．「アドイン」のボックスが開きますので，［分析ツール］のボックスをクリックしてチェックされている状態とし，［OK］をクリックします．）

## 8.5　プロシージャ・ユーザーフォームのコード

ここでは，最小二乗法を行なうプロシージャ（Module5 に含まれています），ユーザーフォーム「UserFormLeastSquares」のコードについて説明します．

### 8.5.1　コ　ー　ド

プロシージャは Module 5 に収録されています．

#### a．プロシージャ

```
Sub LeastSquares(DataX As String, DataY As String, OutRange As String)
Dim RanX As Range, RanY As Range, RanR As Range
Dim X() As Double, Y() As Double, beta() As Double, Var() As Double, _
    e() As Double
Dim n1 As Integer, n2 As Integer, n As Integer, k As Integer, D As Double, _
    SSR As Double, s As Double
Set RanX=Range(DataX)
```

```
Set RanY=Range(DataY)
Set RanR=Range(OutRange)
n1=RanX.Rows.Count
n2=RanY.Rows.Count
  If n1 < > n2 Then
  RanR.Select
  ActiveCell="XとYのデータ数が一致していません."
  GoTo Err
  End If
k=RanX.Columns.Count+1
n=n1
ReDim X(n, k), Y(n, 1), beta(k, 1), Var(k, k), e(n, 1)
  Call SetX(X, n, k, RanX)
  Call InputData(Y, n, 1, RanY)
  Call LsCalc(X, Y, n, k, beta, Var, e, SSR, s, D)
RanR.Select
  If D=0 Then
  ActiveCell="説明変数の多重共線性のため推定できません."
  GoTo Err
  End If
ActiveCell="最小二乗法による推定結果"
Call WriteRes(beta, Var, k)
Err:
End Sub


Sub SetX(X() As Double, n As Integer, k As Integer, RanX As Range)
Dim i As Integer, j As Integer
Call InputData(X, n, k-1, RanX)
  For i=k To 2 Step -1
  For j=1 To n
  X(j, i)=X(j, i-1)
  Next j
  Next i
For j=1 To n
X(j, 1)=1
Next j
End Sub


Sub LsCalc(X() As Double, Y() As Double, n As Integer, k As Integer, _
    beta() As Double, Var() As Double, e() As Double, SSR As Double, _
    s As Double, D As Double)
Dim XtX() As Double, InvXtX() As Double, Xty() As Double, _
    yfit() As Double
```

```
Dim i As Integer, j As Integer
ReDim XtX(k, k), InvXtX(k, k), Xty(k, 1), yfit(n, 1)
Call TransProd(X, X, XtX, k, k, n)
D=MDeterm(XtX, k)
  If D <> 0 Then
  Call MInv(XtX, InvXtX, k)
  Call TransProd(X, Y, Xty, k, 1, n)
  Call MProd(InvXtX, Xty, beta, k, 1, k)
  Call MProd(X, beta, yfit, n, 1, k)
  Call VarCalc(Y, yfit, e, InvXtX, Var, n, k, SSR, s)
  End If
End Sub

Sub TransProd(MatA() As Double, MatB() As Double, MatC() As Double, _
    R As Integer, C As Integer, CR As Integer)
Dim MatD() As Double
ReDim MatD(R, CR)
Call MTrans(MatA, MatD, CR, R)
Call MProd(MatD, MatB, MatC, R, C, CR)
End Sub

Sub VarCalc(Y() As Double, yfit() As Double, e() As Double, _
    InvXtX() As Double, Var() As Double, n As Integer, _
    k As Integer, SSR As Double, s As Double)
Dim i As Integer, a As Double, s2 As Double
  For i=1 To n
  e(i, 1)=Y(i, 1)-yfit(i, 1)
  Next i
a=0
  For i=1 To n
  a=a+e(i, 1)^2
  Next i
SSR=a
s2=a/(n-k)
s=s2^0.5
  For i=1 To k
  For j=1 To k
  Var(i, j)=s2*InvXtX(i, j)
  Next j
  Next i
End Sub

Sub WriteRes(beta() As Double, Var() As Double, k As Integer)
```

```
ActiveCell="変数"
ActiveCell.Offset(0, 1).Range("A1").Select
ActiveCell="推定値"
ActiveCell.Offset(0, 1).Range("A1").Select
ActiveCell="標準誤差"
ActiveCell.Offset(0, 1).Range("A1").Select
ActiveCell="t 値"
ActiveCell.Offset(1, -3).Range("A1").Select
  For i=1 To k
    If i=1 Then
      ActiveCell="定数項"
    Else
      ActiveCell="X" & i
    End If
  ActiveCell.Offset(0, 1).Range("A1").Select
  ActiveCell=beta(i, 1)
  ActiveCell.Offset(0, 1).Range("A1").Select
  s1=Var(i, i)^0.5
  ActiveCell=s1
  ActiveCell.Offset(0, 1).Range("A1").Select
  t=beta(i, 1)/s1
  ActiveCell=t
  ActiveCell.Offset(1, -3).Range("A1").Select
  Next i
ActiveCell.Offset(1, 0).Range("A1").Select
Call WriteSqMat(Var, k, "分散共分散行列")
End Sub

Sub 最小二乗法()
UserFormLeastSquares.Show
End Sub
```

b. ユーザーフォーム

```
Private Sub CommandButton1_Click()
Dim DataX As String, DataY As String, OutRange As String
  DataY=UserFormLeastSquares.TextBox1
  DataX=UserFormLeastSquares.TextBox2
  OutRange=UserFormLeastSquares.TextBox3
  Call LeastSquares(DataX, DataY, OutRange)
Unload UserFormLeastSquares
End Sub

Private Sub CommandButton2_Click()
```

Unload UserFormLeastSquares
End Sub

## 8.5.2 コードの説明
### a. プロシージャ

Sub LeastSquares：
――データの入力を行い，XとYの観測値の数が等しくない場合は，エラーメッセージを出力して処理を終了します．観測値の数が等しい場合は，最小二乗法による推定を行ないます．「Sub SetX」によって，行列$X$の第1列を定数項に対応させ，第1列の要素を1とし，データは2列目以降とします．次に，「Sub LsCalc」によって推定を行ないます．$X'X$の行列式の値が0で特異行列の場合は，エラーメッセージを出力して処理を終了します．最後に「Sub WriteRes」によって，結果をワークシートの指定された範囲に出力します．

Sub SetX：
――行列$X$の第1列目をすべて1，2列目以降を説明変数のデータとします．

Sub LsCalc：
――最小二乗法による推定量の計算を行ないますが，「Sub TransProd」によって，$X'X$を計算します．$X'X$の行列式の値が0でない場合は，「Sub MInv」，「Sub MProd」によって，$(X'X)^{-1}X'y$を計算します．最後に$V(\hat{\beta})$を「Sub VarCalc」を使って計算します．

Sub TransProd：
――「Sub MTrans」，「Sub MProd」を使って，$X'X$を計算します．

Sub VarCalc：
――$s^2$および$\hat{\beta}$の分散共分散行列を$s^2(X'X)^{-1}$から計算します．

Sub WriteRes：
――結果をワークシートに出力します．「Sub WriteSqMat」は正方行列をワークシートに書き出すプロシージャです．

Sub 最小二乗法：
――ユーザーフォームの「UserFormLeastSquares」を起動するプロシージャです．

### b. ユーザーフォーム

Private Sub CommandButton1_Click()
――CommandButton1 がクリックされた場合にデータの範囲・出力先が入力され，最小二乗法による回帰モデルの推定を行ないます．

Private Sub CommandButton2_Click()
――CommandButton2 がクリックされた場合，処理を終了します．

## 8.6 演習問題

回帰分析では，定数項を含まないモデル
$$Y_i = \beta_1 X_{1i} + \beta_2 X_{2i} + \cdots + \beta_k X_{ki} + u_i$$
が使われることがあります．本章のプロシージャ，および，ユーザーフォームを，

ⅰ) ユーザーフォーム上に定数項を含むかどうかを問い合わせるチェックボックスを作成する．

ⅱ) 定数項を含まない場合，$X$ を（第1列の要素が1でなく）$X_{1i}$, $X_{2i}$, $\cdots$, $X_{ki}$ のデータのみからなる行列として，最小二乗法による推定を行なう．

というように変更してください．

# 9. 回帰方程式の指標の計算

前章では，最小二乗法によって線形回帰方程式を推定するプロシージャについて学習しましたが，出力されるのは係数の推定値と，その標準誤差，分散共分散行列だけです．回帰分析を行なうには，これだけでは十分でなく，従属変数 $Y$ の平均，標準偏差や回帰方程式の当てはまりのよさを表すいくつかの数値などが必要になります．（Excelの分析ツールの出力結果を参照してください．）ここでは，まず，回帰分析で使われる主要な指標について説明し，次いで，前章のプロシージャがこれらを計算して出力するように変更してみます．

## 9.1 決定係数 $R^2$

回帰方程式がどの程度よく当てはまっているか，すなわち，説明変数 $X_2, X_3, \cdots, X_n$ が被説明変数 $Y$ をどの程度よく説明しているかは，モデルの妥当性・有効性を考える上で重要な要素です．$X_2, X_3, \cdots, X_n$ が $Y$ の変動の大きな部分を説明できれば価値が高いといえるし，逆にほとんど説明できなければ，価値は低いといえるでしょう．当てはまりのよさを計る基準として，一般に使われるのが，決定係数（coefficient of determination）$R^2$ です．

$Y_i$ の変動の総和は $\sum(Y_i-\bar{Y})^2$ ですが，このうち，回帰方程式で説明できる部分は $\sum(\hat{Y}_i-\bar{Y})^2$，説明できない部分は $\sum e_i^2$ で

$$\sum(Y_i-\bar{Y})^2 = \sum(\hat{Y}_i-\bar{Y})^2 + \sum e_i^2 \qquad (9.1)$$

となります．

$R^2$ は，$Y_i$ の変動のうち，説明できる部分の割合で，

$$R^2 = 1 - \frac{\sum e_i^2}{\sum(Y_i-\bar{Y})^2} = \frac{\sum(\hat{Y}_i-\bar{Y})^2}{\sum(Y_i-\bar{Y})^2} \qquad (9.2)$$

となります．$R^2$ は $0 \leq R^2 \leq 1$ を満足し，$X_i$ が完全に $Y_i$ の変動を説明している場合1，まったく説明していない場合0となります．説明変数が1つの単回帰分析の場合，$r$ を説明変数と被説明変数の標本相関係数とすると，$R^2=r^2$ となり

## 9.2 補正 $R^2$

ところで，$R^2$ は説明変数の数が増加するにしたがって増加します．$k=n$ とすると，$R^2=1$ となってしまいます．（$k>n$ では仮定5が満たされず，推定ができません．）ところが，不要な変数を説明変数に加え，その数を多くしすぎると，かえって，モデルが悪くなってしまうことが知られています．説明変数の数が違う場合，単純に $R^2$ でモデルの当てはまりのよさを比較することはできません．補正 $R^2$（adjusted $R^2$，$\bar{R}^2$ で表す）は，説明変数の数の違いを考慮したもので，$Y_i$ の変動と残差の平方和を，その自由度で割った

$$\bar{R}^2 = 1 - \frac{\sum e_i^2/(n-k)}{\sum(Y_i-\bar{Y})^2/(n-1)} \tag{9.3}$$

で定義されます．$\bar{R}^2$ は $k$ が増加しても必ず増加するとは限りません．$\bar{R}^2$ を最大にすることは，$s^2$ を最小にするのと同一のことになります．

## 9.3 最大対数尤度

誤差項 $u_1, u_2, \cdots, u_n$ は互いに独立で，期待値 0，分散 $\sigma^2$ の正規分布 $N(0, \sigma^2)$ にしたがうとします．この場合，対数尤度は，

$$\log L(\beta_1, \beta_2, \cdots, \beta_k, \sigma^2) = -n \cdot (\log\sqrt{2\pi} + \log\sigma)$$
$$- \sum_{i=1}^{n} \frac{(Y_i - \beta_1 - \beta_2 X_{2i} \cdots - \beta_k X_{ki})^2}{2\sigma^2} \tag{9.4}$$

となります．対数尤度を最大にすることによって，最尤推定量 $\hat{\beta}_1, \hat{\beta}_2, \cdots, \hat{\beta}_k$，および，$\hat{\sigma}^2$ を求めることができます．この場合，$\hat{\beta}_1, \hat{\beta}_2, \cdots, \hat{\beta}_k$ は最小二乗推定量と一致します．（これは特別な例で，最小二乗法と最尤法は異なった原理に基づく，違った推定方法であることに注意してください．）

$\hat{\sigma}^2$，および，$\log L$ の最大値である対数最大尤度 $\log L(\hat{\beta}_1, \hat{\beta}_2, \cdots, \hat{\beta}_k, \hat{\sigma}^2)$ は，

$$\hat{\sigma}^2 = \frac{\sum e_i^2}{n}$$

$$\log L(\hat{\beta}_1, \hat{\beta}_2, \cdots, \hat{\beta}_k, \hat{\sigma}^2) = -\frac{n}{2}\left\{1 + \log(2\pi) + \log\left(\frac{\sum e_i^2}{n}\right)\right\} \tag{9.5}$$

で与えられます．

## 9.4 AIC

重回帰分析において，最適な説明変数の組み合わせを選ぶことは，モデル選択と呼ばれる分野の問題となりますが，$\bar{R}^2$ では，説明変数を増やすことに対するペナルティーが十分でないとされています．一般に広く使われているものの1つに，AIC（赤池の情報量基準，Akaike information criterion）と呼ばれる基準があります．

$\log L$ を対数最大尤度とします．最適なモデルとして，AIC は，

$$\mathrm{AIC} = -2\log L + 2v \tag{9.6}$$

を最小にするものを選択します．$v$ はモデルに含まれる未知のパラメータの数です．AIC は回帰分析以外のモデル選択にも利用可能です．詳細は省略しますが，理論的に，AIC は，真のモデルといま考察しているモデルの間の距離を表すカルバック・ライブラー情報量（Kullback-Leibler information）を使って説明することができます．

## 9.5 誤差項の系列相関とダービン・ワトソン検定量

前章で述べた標準的な仮定では，「誤差項が無相関である」としていますが，誤差項間に相関関係（系列相関）があると考えざるを得ない場合も多くあります．誤差項の系列相関が問題となるのは，ほとんどの場合，時系列データです．（時系列データであることを明確にするため，本項では添え字を $t$，観測値の数を $T$ とします．）

誤差項の系列相関には，いろいろなタイプのものが考えられますが，最も基本的でかつ応用上も重要なものは，1次の自己回帰（autoregression）と呼ばれるものです．これは，誤差項間に

$$u_t = \rho u_{t-1} + \varepsilon_t, \quad |\rho| < 1 \tag{9.7}$$

という関係があり，$\varepsilon_t$ は，

$$E(\varepsilon_t) = 0, \quad V(\varepsilon_t) = \sigma_\varepsilon^2, \quad Cov(\varepsilon_s, \varepsilon_t) = E(\varepsilon_s, \varepsilon_t) = 0, \quad s \neq t \tag{9.8}$$

を満足するものです．（$|\rho| < 1$ は分散が無限大に発散せず，定常過程と呼ばれるプロセスになるための条件です．）

検定を行なうために，誤差項の自己相関の強さを表すような統計量を考えます．$\varepsilon_t$ は独立で正規分布にしたがうと仮定します．このような場合に，統計学で広く使われているものに，ダービン・ワトソンの $d$ 統計量（Durbin-Watson

$d$-statistic) があります．いま，

$$d = \frac{\sum_{t=2}^{T}(e_t - e_{t-1})^2}{\sum_{t=1}^{T}e_t^2} \qquad (9.9)$$

とします．$d$ は 0 から 4 までの間の値をとり，負になったり，4 を越えたりすることはありません．

ところで，$\sum_{t=1}^{T}e_t^2$, $\sum_{t=2}^{T}e_t^2$, $\sum_{t=2}^{T}e_{t-1}^2$ は，1 つの要素の差しかありませんから，$T$ が大きければ，ほぼ等しいとみなすことができます．したがって，

$$d \approx \frac{\sum e_t^2 + \sum e_{t-1}^2 - 2\sum e_t e_{t-1}}{\sum e_t^2} \approx 2(1 - \hat{\rho}) \qquad (9.10)$$

となります．$\hat{\rho}$ は，$e_t$ に関しての 1 次自己回帰モデル

$$e_t = \rho e_{t-1} + \varepsilon_t^* \qquad (9.11)$$

を考えた場合の最小二乗推定量です．（このモデルは定数項を含まないことに注意してください．）$u_t \approx e_t$ と考えることができますので，$\hat{\rho} \approx \rho$ となり，結局，

$$d \approx 2(1 - \rho) \qquad (9.12)$$

とみなすことができます．

したがって，

$$d \approx \begin{cases} 0, & \rho \approx 1 \\ 2, & \rho \approx 0 \\ 4, & \rho \approx -1 \end{cases} \qquad (9.13)$$

となります．

これを使って系列相関の検定，すなわち，$H_0: \rho = 0$ の検定を行ないます．このためには，$\rho = 0$ の場合の $d$ の分布を考える必要があります．$d$ の値が 2 に近い場合，$H_0$ を採択し，0 や 4 に近い場合，棄却することになります．しかしながら，$d$ の分布は説明変数 $X_{2t}, X_{3t}, \cdots, X_{kt}$ に依存してしまうため，$\rho = 0$ の場合に

$$P(d > d_\alpha) = \alpha, \qquad P(d > d_{1-\alpha}) = 1 - \alpha \qquad (9.14)$$

となる正確なパーセント点 $d_\alpha, d_{1-\alpha}$ をいままでのように簡単に求めることができません．（なお，$d$ は系列相関の正負についての情報を含んでいますので，通常片側検定を行ないます．）

ダービンとワトソンは，$d_\alpha, d_{1-\alpha}$ には説明変数 $X_{2t}, X_{3t}, \cdots, X_{kt}$ に依存しない下限値 $d_L$ と上限値 $d_U$ が存在し，

## 9.5 誤差項の系列相関とダービン・ワトソン検定量

**表 9.1** ダービン・ワトソン統計量の有意水準 5% の $d_L$ と $d_U$

| T | $k^*=1$ | | $k^*=2$ | | $k^*=3$ | | $k^*=4$ | | $k^*=5$ | | $k^*=6$ | | $k^*=8$ | | $k^*=10$ | |
|---|---|---|---|---|---|---|---|---|---|---|---|---|---|---|---|---|
| | $d_L$ | $d_U$ | $d_L$ | $d_U$ | $d_L$ | $d_U$ | $d_L$ | $d_U$ | $d_L$ | $d_U$ | $d_L$ | $d_U$ | $d_L$ | $d_U$ | $d_L$ | $d_U$ |
| 15 | 1.08 | 1.36 | 0.95 | 1.54 | 0.82 | 1.75 | 0.69 | 2.00 | 0.56 | 2.22 | 0.45 | 2.47 | 0.25 | 2.98 | 0.11 | 3.44 |
| 16 | 1.12 | 1.37 | 0.98 | 1.54 | 0.86 | 1.73 | 0.73 | 1.94 | 0.62 | 2.16 | 0.50 | 2.39 | 0.30 | 2.86 | 0.16 | 3.30 |
| 17 | 1.13 | 1.38 | 1.02 | 1.54 | 0.90 | 1.71 | 0.78 | 1.90 | 0.66 | 2.10 | 0.55 | 2.32 | 0.36 | 2.76 | 0.20 | 3.18 |
| 18 | 1.16 | 1.39 | 1.05 | 1.54 | 0.93 | 1.70 | 0.82 | 1.87 | 0.71 | 2.06 | 0.60 | 2.26 | 0.41 | 2.67 | 0.24 | 3.07 |
| 19 | 1.18 | 1.40 | 1.07 | 1.54 | 0.97 | 1.69 | 0.86 | 1.85 | 0.75 | 2.02 | 0.65 | 2.21 | 0.46 | 2.59 | 0.29 | 2.97 |
| 20 | 1.20 | 1.41 | 1.10 | 1.54 | 1.00 | 1.68 | 0.89 | 1.83 | 0.79 | 1.99 | 0.69 | 2.16 | 0.50 | 2.52 | 0.34 | 2.89 |
| 21 | 1.22 | 1.42 | 1.13 | 1.54 | 1.03 | 1.67 | 0.93 | 1.81 | 0.83 | 1.96 | 0.73 | 2.12 | 0.55 | 2.46 | 0.38 | 2.81 |
| 22 | 1.24 | 1.43 | 1.15 | 1.54 | 1.05 | 1.66 | 0.96 | 1.80 | 0.86 | 1.94 | 0.77 | 2.09 | 0.59 | 2.41 | 0.42 | 2.73 |
| 23 | 1.26 | 1.44 | 1.17 | 1.54 | 1.08 | 1.66 | 0.99 | 1.79 | 0.90 | 1.92 | 0.80 | 2.06 | 0.63 | 2.36 | 0.47 | 2.67 |
| 24 | 1.27 | 1.45 | 1.19 | 1.55 | 1.10 | 1.66 | 1.01 | 1.78 | 0.93 | 1.90 | 0.84 | 2.04 | 0.67 | 2.32 | 0.51 | 2.61 |
| 25 | 1.29 | 1.45 | 1.21 | 1.55 | 1.12 | 1.65 | 1.04 | 1.77 | 0.95 | 1.89 | 0.87 | 2.01 | 0.70 | 2.28 | 0.54 | 2.56 |
| 26 | 1.30 | 1.46 | 1.22 | 1.55 | 1.14 | 1.65 | 1.06 | 1.76 | 0.98 | 1.87 | 0.90 | 1.99 | 0.74 | 2.25 | 0.58 | 2.51 |
| 27 | 1.32 | 1.47 | 1.24 | 1.56 | 1.16 | 1.65 | 1.08 | 1.75 | 1.00 | 1.86 | 0.93 | 1.98 | 0.77 | 2.22 | 0.62 | 2.47 |
| 28 | 1.33 | 1.48 | 1.26 | 1.56 | 1.18 | 1.65 | 1.10 | 1.75 | 1.03 | 1.85 | 0.95 | 1.96 | 0.80 | 2.19 | 0.65 | 2.43 |
| 29 | 1.34 | 1.48 | 1.27 | 1.56 | 1.20 | 1.65 | 1.12 | 1.74 | 1.05 | 1.84 | 0.98 | 1.94 | 0.83 | 2.16 | 0.68 | 2.40 |
| 30 | 1.35 | 1.49 | 1.28 | 1.57 | 1.21 | 1.65 | 1.14 | 1.74 | 1.07 | 1.83 | 1.00 | 1.93 | 0.85 | 2.14 | 0.71 | 2.36 |
| 31 | 1.36 | 1.50 | 1.30 | 1.57 | 1.23 | 1.65 | 1.16 | 1.74 | 1.09 | 1.83 | 1.02 | 1.92 | 0.88 | 2.12 | 0.74 | 2.33 |
| 32 | 1.37 | 1.50 | 1.31 | 1.57 | 1.24 | 1.65 | 1.18 | 1.73 | 1.11 | 1.82 | 1.04 | 1.91 | 0.90 | 2.12 | 0.77 | 2.31 |
| 33 | 1.38 | 1.51 | 1.32 | 1.58 | 1.26 | 1.65 | 1.19 | 1.73 | 1.13 | 1.81 | 1.06 | 1.90 | 0.93 | 2.09 | 0.80 | 2.28 |
| 34 | 1.39 | 1.51 | 1.33 | 1.58 | 1.27 | 1.65 | 1.21 | 1.73 | 1.14 | 1.81 | 1.08 | 1.89 | 0.95 | 2.07 | 0.82 | 2.26 |
| 35 | 1.40 | 1.52 | 1.34 | 1.58 | 1.28 | 1.65 | 1.22 | 1.73 | 1.16 | 1.80 | 1.10 | 1.88 | 0.97 | 2.05 | 0.85 | 2.24 |
| 36 | 1.41 | 1.53 | 1.35 | 1.59 | 1.30 | 1.65 | 1.24 | 1.72 | 1.18 | 1.80 | 1.11 | 1.88 | 0.99 | 2.04 | 0.87 | 2.22 |
| 37 | 1.42 | 1.53 | 1.36 | 1.59 | 1.31 | 1.66 | 1.25 | 1.72 | 1.19 | 1.80 | 1.13 | 1.87 | 1.01 | 2.03 | 0.89 | 2.20 |
| 38 | 1.43 | 1.54 | 1.37 | 1.59 | 1.32 | 1.66 | 1.26 | 1.72 | 1.20 | 1.79 | 1.15 | 1.86 | 1.03 | 2.02 | 0.91 | 2.18 |
| 39 | 1.44 | 1.54 | 1.38 | 1.60 | 1.33 | 1.66 | 1.27 | 1.72 | 1.22 | 1.79 | 1.16 | 1.86 | 1.05 | 2.01 | 0.93 | 2.16 |
| 40 | 1.44 | 1.54 | 1.39 | 1.60 | 1.34 | 1.66 | 1.29 | 1.72 | 1.23 | 1.79 | 1.18 | 1.85 | 1.06 | 2.00 | 0.95 | 2.15 |
| 45 | 1.48 | 1.57 | 1.43 | 1.62 | 1.38 | 1.67 | 1.34 | 1.72 | 1.29 | 1.78 | 1.24 | 1.84 | 1.14 | 1.96 | 1.04 | 2.09 |
| 50 | 1.50 | 1.59 | 1.46 | 1.63 | 1.42 | 1.67 | 1.38 | 1.72 | 1.34 | 1.77 | 1.29 | 1.82 | 1.20 | 1.93 | 1.11 | 2.04 |
| 55 | 1.53 | 1.60 | 1.49 | 1.64 | 1.45 | 1.68 | 1.41 | 1.72 | 1.37 | 1.77 | 1.33 | 1.81 | 1.25 | 1.91 | 1.17 | 2.01 |
| 60 | 1.55 | 1.62 | 1.51 | 1.65 | 1.48 | 1.69 | 1.44 | 1.73 | 1.41 | 1.77 | 1.37 | 1.81 | 1.30 | 1.89 | 1.22 | 1.98 |
| 65 | 1.57 | 1.63 | 1.54 | 1.66 | 1.50 | 1.70 | 1.47 | 1.73 | 1.44 | 1.77 | 1.40 | 1.81 | 1.34 | 1.88 | 1.27 | 1.96 |
| 70 | 1.58 | 1.64 | 1.55 | 1.67 | 1.53 | 1.70 | 1.49 | 1.74 | 1.46 | 1.77 | 1.43 | 1.80 | 1.37 | 1.87 | 1.31 | 1.95 |
| 80 | 1.61 | 1.66 | 1.59 | 1.69 | 1.56 | 1.72 | 1.53 | 1.74 | 1.51 | 1.77 | 1.48 | 1.80 | 1.43 | 1.86 | 1.37 | 1.93 |
| 90 | 1.64 | 1.68 | 1.61 | 1.70 | 1.59 | 1.73 | 1.57 | 1.75 | 1.54 | 1.78 | 1.52 | 1.80 | 1.47 | 1.85 | 1.42 | 1.91 |
| 100 | 1.65 | 1.69 | 1.63 | 1.72 | 1.61 | 1.74 | 1.59 | 1.76 | 1.57 | 1.78 | 1.55 | 1.80 | 1.51 | 1.85 | 1.46 | 1.90 |
| 150 | 1.72 | 1.75 | 1.71 | 1.76 | 1.69 | 1.77 | 1.68 | 1.79 | 1.67 | 1.80 | 1.65 | 1.82 | 1.62 | 1.85 | 1.59 | 1.90 |
| 200 | 1.76 | 1.78 | 1.75 | 1.79 | 1.74 | 1.80 | 1.73 | 1.81 | 1.72 | 1.82 | 1.71 | 1.83 | 1.69 | 1.85 | 1.67 | 1.87 |

Durbin, J., and G. S. Watson, 1951, "Testing for Serial Correlation in Least Squares Regression, II", *Binometrika*, **38**, 150-178 ; Savin, N. E., and K., J. White, 1977, "The Durbin-Watson Test for Serial Correlation with Extreme Sample Sizes or Many Regressors", *Econometrica*, **45**, 1989～1996 より作成.

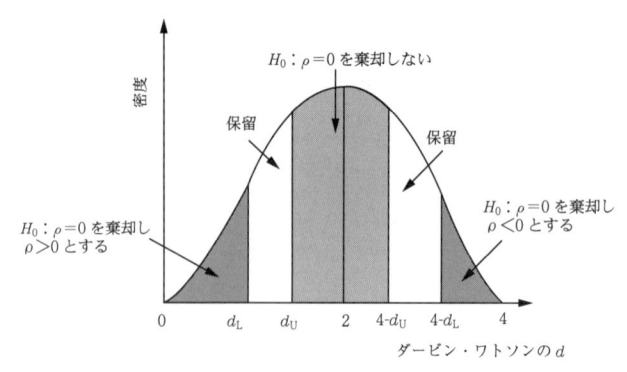

**図 9.1 ダービン・ワトソンの検定**
通常の検定と異なり，この検定には判断を保留する部分がある．

$$d_L < d_{1-\alpha} < d_U, \quad 4 - d_U < d_\alpha < 4 - d_L \tag{9.15}$$

となることを示しました．$\alpha=5\%$ の場合の $d_L, d_U$ の値は表 9.1 に与えられています．$t$ 分布表などと異なり，データ数 $T$ と説明変数の数 $k^*$（定数項は除き，このモデルでは $k-1$ となります）から値を求めます．

$d_L, d_U$ の値を使って誤差項の系列相関 $H_0 : \rho=0$ の検定を行います．

i) $d$ が 0 に近く，$d \leq d_L$ ならば $H_0$ を棄却し，正の系列相関があり $\rho > 0$ とする．

ii) $d$ が 2 に近く，$d_U \leq d \leq 4-d_L$ ならば $H_0$ を採択し，相関関係がなく $\rho = 0$ とする．

iii) $d$ が 4 に近く，$d \geq 4-d_L$ ならば $H_0$ を棄却し，負の系列相関があり $\rho < 0$ とする．

iv) i)～iii) のいずれの場合でもない，すなわち，$d_L < d < d_U$，$4-d_U < d < 4-d_L$ ならば，判断を保留する．（$H_0$ を棄却も採択もしない．）

この検定は，ダービン・ワトソンの検定（Durbin-Watson test）と呼ばれますが，判断を保留する部分があることに注意してください．

## 9.6 回帰分析を行なうプロシージャの変更

ここでは，8 章のプロシージャを被説明変数の平均・標準偏差，決定係数 $R^2$，補正 $R^2$，対数最大尤度 $\log L$，赤池の情報量基準 AIC，ダービン・ワトソンの検定統計量（ダービン・ワトソン比）を計算し，出力するように変更したプロシージャについて説明します．「9 章.xls」を付録 CD-ROM から適当なフォルダに

## 9.6 回帰分析を行なうプロシージャの変更

複写し，Excel に呼び出し，Visual Basic Editor を起動してください．Module5 の最後には，各種の統計量を計算するプロシージャの「Sub RegEqStat」などが収録されていますので，次節を参考にして，コードの意味を理解してください．

また，第 8 章で説明した「Sub LeastSquares」の

ActiveCell＝"最小二乗法による推定結果"

と

Call WriteRes(beta, Var, k)

の間に

**Call RegEqStat(RanY, e, n, k, SSR, s)**

と「Sub RegEqStat」を呼び出すステートメントが加わっています．Excel へ戻り，適当なデータを入力してマクロを実行し，被説明変数の平均・標準偏差，$R^2$，補正 $R^2$，$\log L$，ダービン・ワトソン比などが出力されることを確認してください（図 9.2, 9.3）．

```
Sub LeastSquares(DataX As String, DataY As String, OutRange As String)
Dim RanX As Range, RanY As Range, RanR As Range
Dim X() As Double, Y() As Double, beta() As Double, Var() As Double, e() As
Dim n1 As Integer, n2 As Integer, n As Integer, k As Integer, D As Double,
    SSR As Double, s As Double
Set RanX = Range(DataX)
Set RanY = Range(DataY)
Set RanR = Range(OutRange)
n1 = RanX.Rows.Count
n2 = RanY.Rows.Count
    If n1 <> n2 Then
    RanR.Select
    ActiveCell = "XとYのデータ数が一致していません"
    GoTo Err
    End If
k = RanX.Columns.Count + 1
n = n1
ReDim X(n, k), Y(n, 1), beta(k, 1), Var(k, k), e(n, 1)
    Call SetX(X, n, k, RanX)
    Call InputData(Y, n, 1, RanY)
    Call LsCalc(X, Y, n, k, beta, Var, e, SSR, s, D)
RanR.Select
    If D = 0 Then
    ActiveCell = "説明変数の多重共線性のため推定できません。"
    GoTo Err
    End If
ActiveCell = "最小二乗法による推定結果"
    Call RegEqStat(RanY, e, n, k, SSR, s)   ← この行が入力されている
Call WriteRes(beta, Var, k)
Err:
End Sub
```

図 9.2 Sub LeastSquares (DataX As String, DataY As String, OutRange As String) の ActiveCell＝"最小二乗法による推定結果" と Call WriteRes (beta, Var, k) の間に Call RegEqStat(RanY, e, n, k, SSR, s) が入力されている．

| | A | B | C | D |
|---|---|---|---|---|
| 11 | 最小二乗法による推定結果 | | | |
| 12 | | | | |
| 13 | 観測値の数 | 6 | R2 | 0.505495 |
| 14 | 自由度 | 3 | 補正R2 | 0.175824 |
| 15 | 従属変数の平均 | 3.166667 | LogL | -8.17365 |
| 16 | 従属変数の標準偏差 | 1.47196 | AIC | 22.34729 |
| 17 | 回帰式の標準誤差 | 1.336306 | F値 | 1.533333 |
| 18 | 残差の平方和 | 5.357143 | ダービン・ワトソン比 | 2.308571 |
| 19 | | | | |
| 20 | 変数 | 推定値 | 標準誤差 | t値 |
| 21 | 定数項 | 5.571429 | 6.585388898 | 0.846029 |
| 22 | X2 | -0.07143 | 1.184508854 | -0.0603 |
| 23 | X3 | -0.92857 | 1.184508854 | -0.78393 |
| 24 | | | | |
| 25 | 分散共分散行列 | | | |
| 26 | 43.36734694 | -7.65306 | -7.525510204 | |
| 27 | -7.653061224 | 1.403061 | 1.275510204 | |
| 28 | -7.525510204 | 1.27551 | 1.403061224 | |
| 29 | | | | |

図 9.3 作成したプロシージャによる最小二乗法の計算結果

## 9.7 プロシージャのコード

プロシージャは Module5 に収録されています．

### 9.7.1 コ ー ド

```
Sub RegEqStat(RanY As Range, e() As Double, n As Integer, _
    k As Integer, SSR As Double, s As Double)
Dim YMean As Double, YStd As Double, YDevSq As Double
Dim R2 As Double, AdjR2 As Double, LogL As Double, AIC As Double, _
    F As Double, DW As Double
  Call YStat(RanY, YMean, YStd, YDevSq)
  Call RegEqStatCalc(n, k, e, SSR, R2, AdjR2, YDevSq, LogL, AIC, F, DW)
  Call RegEqStatWrite(n, k, YMean, YStd, s, SSR, R2, AdjR2, LogL, AIC, _
    F, DW)
End Sub

Sub YStat(RanY As Range, YMean As Double, YStd As Double, _
    YDevSq As Double)
YMean=Application.Average(RanY)
YStd=Application.StDev(RanY)
YDevSq=Application.DevSq(RanY)
End Sub

Sub RegEqStatCalc(n As Integer, k As Integer, e() As Double, _
    SSR As Double, R2 As Double, AdjR2 As Double, YDevSq As Double, _
```

```
      LogL As Double, AIC As Double, F As Double, DW As Double)
R2=1-SSR/YDevSq
AdjR2=1-(SSR/(n-k))/(YDevSq/(n-1))
LogL=-(n/2)*(1+Log(2*Application.Pi())+Log(SSR/n))
AIC=-2*LogL+2*k
F=((YDevSq-SSR)/(k-1))/(SSR/(n-k))
DW=DWcalc(e, n, SSR)
End Sub


Function DWcalc(e() As Double, n As Integer, SSR As Double) As Double
Dim a As Double
For i=1 To n-1
a=a+(e(i+1, 1)-e(i, 1))^2
Next i
DWcalc=a/SSR
End Function


Sub RegEqStatWrite(n As Integer, k As Integer, YMean As Double, _
    YStd As Double, s As Double, SSR As Double, R2 As Double, _
    AdjR2 As Double, LogL As Double, AIC As Double, F As Double, _
    DW As Double)
ActiveCell.Offset(2, 0).Range("A1").Select
  Call WriteOneLine("観測値の数", n)
  Call WriteOneLine("自由度", n-k)
  Call WriteOneLine("従属変数の平均", YMean)
  Call WriteOneLine("従属変数の標準偏差", YStd)
  Call WriteOneLine("回帰式の標準誤差", s)
  Call WriteOneLine("残差の平方和", SSR)
ActiveCell.Offset(-6, 2).Range("A1").Select
  Call WriteOneLine("R2", R2)
  Call WriteOneLine("補正R2", AdjR2)
  Call WriteOneLine("LogL", LogL)
  Call WriteOneLine("AIC", AIC)
  Call WriteOneLine("F値", F)
  Call WriteOneLine("ダービン・ワトソン比", DW)
ActiveCell.Offset(1, -2).Range("A1").Select
End Sub


Sub WriteOneLine(title As String, ByVal value As Double)
ActiveCell=title
ActiveCell.Offset(0, 1).Range("A1").Select
ActiveCell=value
ActiveCell.Offset(1, -1).Range("A1").Select
```

**End Sub**

### 9.7.2 コードの説明

Sub RegEqStat：
——「Sub Ystat」，「Sub RegEqStatCalc」，「Sub RegEqStatWrite」を使って必要な統計量の計算，ワークシートへの出力を行ないます．

Sub YStat：
——被説明変数 $Y$ の平均，標準偏差，偏差の平方和などを計算します．

Sub RegEqStatCalc：
——$R^2$，補正 $R^2$，対数最大尤度，AIC，F 値を計算します．さらに，「Function DWcalc」によってダービン・ワトソン比を計算します．

Function DWcalc：
——ダービン・ワトソン検定量を計算するユーザー定義関数です．

Sub RegEqStatWrite：
——「Sub WriteOneLine」を使って，統計量の計算結果をワークシートに出力します．

Sub WriteOneLine：
——項目名とその計算結果を1行に並べて計算します．

## 9.8 演習問題

ダービン・ワトソンの検定で判断が保留された場合は，漸近分布に基づく検定を行います．検定方法の1つに回帰残差 $e_t$ を使った $t$ 検定があります．これは，回帰残差 $e_t$ に対して

$$e_t = \rho e_{t-1} + \varepsilon_t^*, \qquad t=2, 3, \cdots, T$$

というモデルを考えて，$H_0: \rho=0$ の $t$ 検定を通常の回帰係数の検定と同様に行なう方法です．本章のプロシージャを $\rho$ および検定統計量 $t$ の値を計算し，出力するように変更してください．なお，このモデルは定数項を含まないことに注意してください．

# 10. ウィルコクスンの検定

2つの正規母集団が同一かどうかは，非常に重要な問題です．例えば，薬の効果や副作用を調べる場合，実験用のマウスを2つのグループに分け，一方のみに薬を与えて，その結果，体重などに差がでるかどうかを検定する，といったことが広く行なわれています．これを2標本検定（two-sample test）といいます．通常は母集団が正規分布にしたがうとして，（2つの母集団の分布が同一であるかどうかの）検定を行ないます．（これについての詳細は，拙著「Excel による統計入門（第2版）」第11章などを参照してください．）

ところで，詳細は省略しますが，母集団が正規分布にしたがわない場合（特に分布の裾が広い場合），これらの検定は正しい結果を与えず，しばしば，非常におかしな結果を与えることが知られています．当然，実際のデータ分析では母集団が正規分布と異なる場合が数多く生じます．このような場合，分布の特性に依存しないノンパラメトリック検定と呼ばれる検定方法が使われます．ここでは，ノンパラメトリック検定のうち代表的なものとしてウィルコクスンの順位和検定と，それを計算するプロシージャについて説明します．

## 10.1 ウィルコクスンの順位和検定

2つの連続型の分布にしたがう母集団があり，標本として，第1の母集団から $X_1, X_2, \cdots, X_{n_1}$ を，第2の母集団から $Y_1, Y_2, \cdots, Y_{n_2}$ を抽出したとします．2つのうち，どちらを第1の母集団とするかは自由ですので，一般性を失なうことなく $n_1 \leq n_2$ とすることができます．2つの母集団は分布の位置以外の分布形は同一，すなわち，$f(x)$ を第1の母集団の分布とすると，第2の母集団の分布は $f(x-a)$ で表されるとします．検定したいのは2つの母集団の分布が同一かどうかですが，母集団の分布が未知で正規分布と大きく異なっている可能性があるとします．帰無仮説は，

$H_0 : a=0$ （両者の分布が同一である）

です．対立仮説は，両側検定の場合，

$H_1 : a \neq 0$（両者の分布の位置が異なる），

片側検定の場合，

$H_1 : a > 0$（第2の母集団の分布が右側にずれている），

または，

$H_1 : a < 0$（第2の母集団の分布が左側にずれている），

となります．

ウィルコクソンの順位和検定は，$X_1, X_2, \cdots, X_{n_1}$ と $Y_1, Y_2, \cdots, Y_{n_2}$ の順位に注目した検定方法です．いま，帰無仮説が正しく2つの母集団の分布が同一であるとします．この場合，$X_1, X_2, \cdots, X_{n_1}$, $Y_1, Y_2, \cdots, Y_{n_2}$ は同一の分布にしたがう $n = n_1 + n_2$ 個の独立である確率変数となります．これらを小さい順に並べ替えた順位（1番目から$n$番目）を考えてみましょう．これら $n$ 個の確率変数は（$f(x)$ によらずに）1番目から $n$ 番目までの順位を等しい確率（$=1/n$）で取ることとなります．$X_1, X_2, \cdots, X_{n_1}$ の順位を $p_1, p_2, \cdots, p_{n_1}$, $Y_1, Y_2, \cdots, Y_{n_2}$ の順位を $q_1, q_2, \cdots, q_{n_2}$ とします．（連続型の分布の場合，2つ以上の変数の値が等しくなり同順位となる確率は0で無視できます．）

例えば，$n_1 = 4$, $n_3 = 5$ で

| $i$ | 1 | 2 | 3 | 4 | 5 |
|---|---|---|---|---|---|
| $X$ | 2.1 | 3.1 | 0.6 | 0.5 | |
| $Y$ | 4.7 | 2.9 | 3.0 | 1.5 | 2.6 |

とすると，その順位 $p_i$, $q_i$ は

| $p_i$ | 4 | 8 | 2 | 1 | |
|---|---|---|---|---|---|
| $q_i$ | 9 | 6 | 7 | 3 | 5 |

となります．$X_1, X_2, \cdots, X_{n_1}$ の順位の和

$$W_1 = \sum_{i=1}^{n_1} p_i \tag{10.1}$$

を考えてみましょう．（上の例では，$W_1 = 4 + 8 + 2 + 1 = 15$ となります．）順位の和ですので，$W_1$ は整数値を取り，

$$\frac{n_1(n_1+1)}{2} \leq W_1 \leq \frac{n(n+1)}{2} - \frac{n_2(n_2+1)}{2} \tag{10.2}$$

表 10.1　$W_1$ の取りうる値とその確率

| $r$ | $W_1=r$ となる $p_1, p_2, \cdots, p_{n_1}$ の組み合わせ | 組み合わせ数 | 確率 |
|---|---|---|---|
| 3 | (1, 2) | 1 | 0.1 |
| 4 | (1, 3) | 1 | 0.1 |
| 5 | (1, 4), (2, 3) | 2 | 0.2 |
| 6 | (1, 5), (2, 4) | 2 | 0.2 |
| 7 | (2, 5), (3, 4) | 2 | 0.2 |
| 8 | (3, 5) | 1 | 0.1 |
| 9 | (4, 5) | 1 | 0.1 |

です．各確率変数は 1 番目から $n$ 番目までの順位を等確率で取るので，組み合わせ数の計算から

$$W_1 = r, \quad \frac{n_1(n_1+1)}{2} \leq r \leq \frac{n(n+1)}{2} - \frac{n_2(n_2+1)}{2}$$

となる確率は，

$$P(W_1=r) = \frac{W_1=r \text{ となる } p_1, p_2, \cdots, p_{n_1} \text{ の組み合わせ数}}{{}_nC_{n_1}} \quad (10.3)$$

となります．（$p_1, p_2, \cdots, p_{n_1}$ の組み合わせ数を数える場合，$p_1=1$, $p_2=2$, $p_3=3$ と $p_1=3$, $p_2=2$, $p_3=1$ や $p_1=2$, $p_2=1$, $p_3=3$ は，(1, 2, 3) が得られるということでは同一なので，1 つと数えます．）

$n_1=2$, $n_2=3$ とすると，$W_1$ の取りうる値は 3 から 9 までです．${}_5C_2=10$ ですので，$W_1=r$ となる $p_1, p_2, \cdots, p_{n_1}$ の数，および，その確率は表 10.1 のようになります．

このように，組み合わせ数を数え上げることにより，任意の $n_1, n_2$ に対して，帰無仮説のもとでの（2 つの母集団の分布が等しい場合の）$W_1=r$ となる確率 $P(W_1=r)$ を計算することができます．さらに，$P(W_1=r)$ を足し合わせることによって，$P(W_1 \leq r)$ および $P(W_1 \geq r)$ を計算することができます．これから，$0 \leq a \leq 1$ に対して

$$\underline{w}_a = P(W_1 \leq r) \leq a, \quad P(W_1 \leq r+1) > a \text{ となる } r$$
$$\overline{w}_a = P(W_1 \geq r) \leq a, \quad P(W_1 \geq r-1) > a \text{ となる } r$$

を求めることができ，検定を行なうことができます．表 10.2 は $a=0.5\%$, 1%, 2.5%, 5% の場合のパーセント点 $\underline{w}_a, \overline{w}_a$ の値（$n_1 \leq 10$, $n_2 \leq 20$）を与えています．なお，$W_1$ は整数値のみをとる離散型の変数であるため，$t$ 検定などと異なり，特別な $a$ の値を除き，一般には，$P(W_1 \leq r)=a$, $P(W_1 \geq r)=a$ などとなる $r$ は存在しないことに注意してください．

## 10. ウィルコクスンの検定

表 10.2 ウィルコクスンの順位和検定のパーセント点

| $n_1$ | $n_2$ | 0.5% | | 1% | | 2.5% | | 5% | |
|---|---|---|---|---|---|---|---|---|---|
| | | $\underline{w}_a$ | $\overline{w}_a$ | $\underline{w}_a$ | $\overline{w}_a$ | $\underline{w}_a$ | $\overline{w}_a$ | $\underline{w}_a$ | $\overline{w}_a$ |
| 5 | 5 | 15 | 40 | 16 | 39 | 17 | 38 | 19 | 36 |
| 5 | 6 | 16 | 44 | 17 | 43 | 18 | 42 | 20 | 40 |
| 5 | 7 | 16 | 48 | 18 | 47 | 20 | 45 | 21 | 44 |
| 5 | 8 | 17 | 53 | 19 | 51 | 21 | 49 | 23 | 47 |
| 5 | 9 | 18 | 57 | 20 | 55 | 22 | 53 | 24 | 51 |
| 5 | 10 | 19 | 61 | 21 | 59 | 23 | 57 | 26 | 54 |
| 5 | 11 | 20 | 65 | 22 | 63 | 24 | 61 | 27 | 58 |
| 5 | 12 | 21 | 69 | 23 | 67 | 26 | 64 | 28 | 62 |
| 5 | 13 | 22 | 73 | 24 | 71 | 27 | 68 | 30 | 65 |
| 5 | 14 | 22 | 77 | 25 | 75 | 28 | 72 | 31 | 69 |
| 5 | 15 | 23 | 82 | 25 | 79 | 29 | 76 | 33 | 72 |
| 5 | 16 | 24 | 86 | 27 | 83 | 31 | 79 | 34 | 76 |
| 5 | 17 | 25 | 90 | 28 | 87 | 32 | 83 | 35 | 80 |
| 5 | 18 | 26 | 94 | 29 | 91 | 33 | 87 | 37 | 83 |
| 5 | 19 | 27 | 98 | 30 | 95 | 34 | 91 | 38 | 87 |
| 5 | 20 | 28 | 102 | 31 | 99 | 36 | 95 | 40 | 90 |
| 6 | 6 | 23 | 55 | 24 | 54 | 26 | 52 | 28 | 50 |
| 6 | 7 | 24 | 60 | 25 | 59 | 27 | 57 | 29 | 55 |
| 6 | 8 | 25 | 65 | 27 | 63 | 29 | 61 | 31 | 59 |
| 6 | 9 | 26 | 70 | 28 | 68 | 31 | 66 | 33 | 63 |
| 6 | 10 | 27 | 75 | 29 | 73 | 32 | 70 | 35 | 67 |
| 6 | 11 | 28 | 80 | 31 | 78 | 34 | 74 | 37 | 71 |
| 6 | 12 | 30 | 84 | 32 | 82 | 35 | 79 | 38 | 76 |
| 6 | 13 | 31 | 89 | 33 | 87 | 37 | 83 | 40 | 80 |
| 6 | 14 | 32 | 94 | 34 | 92 | 38 | 88 | 42 | 84 |
| 6 | 15 | 33 | 99 | 36 | 96 | 40 | 92 | 44 | 88 |
| 6 | 16 | 34 | 104 | 37 | 101 | 42 | 96 | 46 | 92 |
| 6 | 17 | 35 | 108 | 38 | 106 | 43 | 101 | 47 | 97 |
| 6 | 18 | 37 | 113 | 40 | 110 | 45 | 105 | 49 | 101 |
| 6 | 19 | 38 | 118 | 41 | 115 | 46 | 109 | 51 | 105 |
| 6 | 20 | 39 | 123 | 43 | 119 | 48 | 114 | 53 | 109 |
| 7 | 7 | 32 | 73 | 34 | 71 | 36 | 69 | 39 | 66 |

表 10.2 つづき

| $n_1$ | $n_2$ | 0.5% | | 1% | | 2.5% | | 5% | |
|---|---|---|---|---|---|---|---|---|---|
| | | $\underline{w}_a$ | $\overline{w}_a$ | $\underline{w}_a$ | $\overline{w}_a$ | $\underline{w}_a$ | $\overline{w}_a$ | $\underline{w}_a$ | $\overline{w}_a$ |
| 7 | 8 | 34 | 78 | 36 | 77 | 38 | 74 | 41 | 71 |
| 7 | 9 | 35 | 84 | 37 | 82 | 40 | 79 | 43 | 76 |
| 7 | 10 | 36 | 89 | 39 | 87 | 42 | 84 | 45 | 81 |
| 7 | 11 | 38 | 95 | 40 | 93 | 44 | 89 | 47 | 86 |
| 7 | 12 | 40 | 100 | 42 | 98 | 46 | 94 | 50 | 91 |
| 7 | 13 | 41 | 106 | 44 | 103 | 48 | 99 | 52 | 95 |
| 7 | 14 | 43 | 111 | 46 | 108 | 50 | 104 | 54 | 100 |
| 7 | 15 | 44 | 117 | 47 | 114 | 52 | 109 | 56 | 105 |
| 7 | 16 | 45 | 122 | 49 | 119 | 54 | 114 | 58 | 110 |
| 7 | 17 | 47 | 128 | 51 | 124 | 56 | 119 | 60 | 114 |
| 7 | 18 | 49 | 133 | 52 | 130 | 58 | 124 | 63 | 119 |
| 7 | 19 | 50 | 139 | 54 | 135 | 60 | 129 | 65 | 124 |
| 7 | 20 | 52 | 144 | 56 | 140 | 62 | 134 | 67 | 129 |
| 8 | 8 | 44 | 93 | 46 | 91 | 49 | 87 | 51 | 85 |
| 8 | 9 | 45 | 99 | 47 | 97 | 51 | 93 | 54 | 90 |
| 8 | 10 | 47 | 105 | 49 | 103 | 53 | 99 | 56 | 96 |
| 8 | 11 | 49 | 111 | 51 | 108 | 55 | 104 | 59 | 101 |
| 8 | 12 | 51 | 117 | 53 | 114 | 58 | 110 | 62 | 106 |
| 8 | 13 | 52 | 123 | 56 | 121 | 60 | 116 | 64 | 112 |
| 8 | 14 | 54 | 130 | 58 | 127 | 62 | 122 | 67 | 117 |
| 8 | 15 | 56 | 136 | 60 | 132 | 65 | 127 | 70 | 122 |
| 8 | 16 | 58 | 142 | 62 | 138 | 67 | 133 | 72 | 128 |
| 8 | 17 | 60 | 148 | 64 | 144 | 69 | 138 | 75 | 133 |
| 8 | 18 | 62 | 154 | 66 | 150 | 72 | 144 | 77 | 139 |
| 8 | 19 | 64 | 160 | 68 | 156 | 74 | 150 | 80 | 144 |
| 8 | 20 | 65 | 166 | 70 | 162 | 77 | 155 | 83 | 149 |
| 9 | 9 | 56 | 115 | 59 | 112 | 62 | 109 | 66 | 105 |
| 9 | 10 | 59 | 122 | 61 | 119 | 65 | 115 | 69 | 111 |
| 9 | 11 | 61 | 128 | 63 | 125 | 68 | 121 | 72 | 117 |
| 9 | 12 | 63 | 135 | 66 | 132 | 71 | 127 | 75 | 123 |
| 9 | 13 | 65 | 142 | 68 | 139 | 73 | 134 | 78 | 129 |
| 9 | 14 | 67 | 149 | 71 | 145 | 76 | 140 | 81 | 135 |

表 10.2 つづき

| $n_1$ | $n_2$ | 0.5% | | 1% | | 2.5% | | 5% | |
|---|---|---|---|---|---|---|---|---|---|
| | | $\underline{w}_a$ | $\overline{w}_a$ | $\underline{w}_a$ | $\overline{w}_a$ | $\underline{w}_a$ | $\overline{w}_a$ | $\underline{w}_a$ | $\overline{w}_a$ |
| 9 | 15 | 69 | 156 | 73 | 152 | 79 | 146 | 84 | 141 |
| 9 | 16 | 71 | 162 | 76 | 158 | 82 | 152 | 87 | 147 |
| 9 | 17 | 74 | 169 | 78 | 165 | 84 | 159 | 90 | 153 |
| 9 | 18 | 76 | 175 | 80 | 171 | 87 | 165 | 93 | 159 |
| 9 | 19 | 79 | 183 | 83 | 178 | 90 | 171 | 96 | 165 |
| 9 | 20 | 80 | 189 | 85 | 184 | 93 | 178 | 99 | 171 |
| 10 | 10 | 71 | 139 | 74 | 136 | 78 | 132 | 82 | 128 |
| 10 | 11 | 74 | 146 | 77 | 143 | 81 | 139 | 86 | 134 |
| 10 | 12 | 76 | 154 | 79 | 151 | 84 | 146 | 89 | 141 |
| 10 | 13 | 79 | 161 | 82 | 158 | 88 | 152 | 92 | 147 |
| 10 | 14 | 81 | 169 | 85 | 165 | 91 | 159 | 96 | 154 |
| 10 | 15 | 84 | 176 | 88 | 172 | 94 | 166 | 99 | 161 |
| 10 | 16 | 86 | 184 | 91 | 180 | 97 | 173 | 103 | 167 |
| 10 | 17 | 89 | 191 | 94 | 187 | 100 | 180 | 106 | 174 |
| 10 | 18 | 92 | 199 | 96 | 194 | 103 | 187 | 110 | 180 |
| 10 | 19 | 94 | 206 | 99 | 201 | 107 | 194 | 113 | 187 |
| 10 | 20 | 97 | 213 | 102 | 208 | 110 | 201 | 117 | 194 |

検定ではまず,有意水準 $a$ を決定します.対立仮説が,$H_1: a \neq 0$ の場合,

$W_1 \leq \underline{w}_{a/2}$,または,$W_1 \geq \overline{w}_{a/2}$ の場合,帰無仮説を棄却し,それ以外は棄却しない.

片側検定で,$H_1: a>0$ の場合,

$W_1 \leq \underline{w}_a$ の場合,帰無仮説を棄却し,それ以外は棄却しない.

$H_1: a<0$ の場合,

$W_1 \geq \overline{w}_a$ の場合,帰無仮説を棄却し,それ以外は棄却しない.

という検定を行ないます.

なお,同一の値があり同順位となるデータがある場合は,一般にその順位の平均(中間順位)を取る操作を行ないます.例えば,$X_1=X_2=2.5$,$Y_1=1$,$Y_2=3$,$Y_3=5$ の場合は,$X_1, X_2$ の順位を $(2+3)/2=2.5$ とします.同順位となる理由は,2つのことが考えられます.1つは,もとの分布は連続型なのですが,観測精度やデータ処理などの関係で,データを比較的短い桁数まで表す場合です.

例えば，身長を cm 単位で 170 cm とする場合などです．もう1つは，もとの分布が離散型，例えば，二項分布などである場合です．前者の場合は，中間順位を用いることで対応できると考えられますが，後者の場合は，この検定を直接使うことはできませんので注意してください．（表 10.2 の $\underline{w}_\alpha$，$\overline{w}_\alpha$ は連続型の分布に対しての値です．）

$n_1$, $n_2$ の値が大きくなると，厳密な数え上げは難しくなりますが，現在ではコンピュータを使ったシミュレーションによって，比較的容易に計算することができます．また，$n_1$, $n_2$ の値が大きい場合，帰無仮説のもとで，$W_1$ の分布は平均 $n_1(n+1)/2$，分散 $n_1 n_2(n+1)/12$ の正規分布で近似できることが知られていますので，$n_1$, $n_2$ が大きく表 10.2 にない場合は，この関係を使って検定を行なうこともできます．

## 10.2 順位和を計算するプロシージャ

ここでは，順位和を計算するプロシージャについて説明してみます．付録のCD-ROM の「10章.xls」を適当なフォルダに呼び出してください．ウィルコクスンの順位和を計算するプロシージャが Module6 に収録されています．また，Excel からの入力を行なうユーザーフォームは「UserFormWRankSum」です．10.3 節を参考にしてコードの意味を理解してください．A1 から B7 に次のデータを入力して下さい．

| X | Y |
|---|---|
| 2.1 | 3.2 |
| 3.4 | 4.5 |
| 5.6 | 2.5 |
| 4.1 | 6.2 |
| 2.9 | 7.1 |
|  | 4.3 |

Excel に戻り，「ウィルコクスンの順位和検定」のマクロを実行してください．「X のデータ範囲」に **A2:A6**，「Y のデータ範囲」に **B2:B7**，「出力先」に **A11** を指定してください．順位和は $W_1=24$ となります．$\alpha=5\%$ として両側検定を行なってみます．表 10.2 から $n_1=5$，$n_2=6$ では，$\underline{w}_{2.5\%}=18$，$\overline{w}_{2.5\%}=42$ ですので帰無仮説は棄却されず，2つの分布には有意な差が認められないことになります（図 10.1，10.2）．

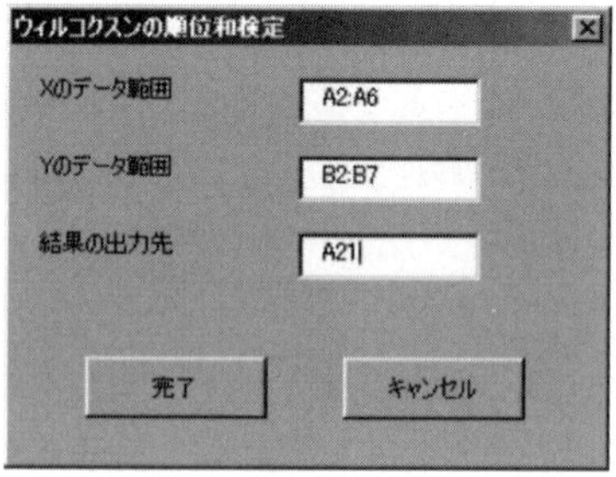


図 10.1 マクロの「ウィルコクスンの順位和検定」を実行すると，「ウィルコクスンの順位和検定」のボックスが現れるので，データ範囲，出力先を入力し，［完了］をクリックする．

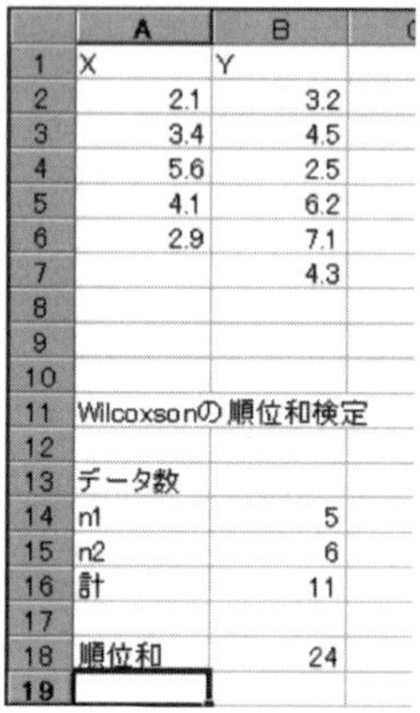

| | A | B |
|---|---|---|
| 1 | X | Y |
| 2 | 2.1 | 3.2 |
| 3 | 3.4 | 4.5 |
| 4 | 5.6 | 2.5 |
| 5 | 4.1 | 6.2 |
| 6 | 2.9 | 7.1 |
| 7 | | 4.3 |
| 8 | | |
| 9 | | |
| 10 | | |
| 11 | Wilcoxsonの順位和検定 | |
| 12 | | |
| 13 | データ数 | |
| 14 | n1 | 5 |
| 15 | n2 | 6 |
| 16 | 計 | 11 |
| 17 | | |
| 18 | 順位和 | 24 |
| 19 | | |

図 10.2 順位和の計算結果

このマクロは，同順位がある場合の処理（中間順位を求めて順位とする）を行なうプロシージャを含んでおり，同順位の場合の処理を行なっています．E1から

| **X** | **Y** |
|---|---|
| **3.2** | **3.2** |
| **3.4** | **4.5** |
| **5.6** | **2.5** |
| **4.1** | **6.2** |
| **2.9** | **7.1** |
| | **4.3** |

と入力してください．このデータは $X_1 = Y_1 = 3.2$ ですので，この2つが同順位

（中間順位は 3.5）となります．マクロを実行してください．順位和は 25.5 となります．

## 10.3 順位和を計算するプロシージャ・ユーザーフォームのコード

### 10.3.1 コ ー ド

プロシージャは Module6 に収録されています．

#### a．プロシージャ

```
Sub WRankSum(DataX As String, DataY As String, OutR As String)
Dim RanX As Range, RanY As Range, RanOut As Range
Dim X() As Double, Y() As Double, Z() As Double, RankSum As Double
Dim i As Integer, j As Integer, n1 As Integer, n2 As Integer, n As Integer
  Set RanX=Range(DataX)
  Set RanY=Range(DataY)
  Set RanOut=Range(OutR)
n1=RanX.Rows.Count
n2=RanY.Rows.Count
n=n1+n2
ReDim X(n1, 1), Y(n2, 1), Z(n, 3)
  Call InputData(X, n1, 1, RanX)
  Call InputData(Y, n2, 1, RanY)
For i=1 To n1
Z(i, 1)=X(i, 1)
Z(i, 2)=1
Next i
  For i=1 To n2
  Z(i+n1, 1)=Y(i, 1)
  Z(i+n1, 2)=2
  Next i
Call Sort1(Z, n, 3, 1, 0)
  For i=1 To n
  Z(i, 3)=i
  Next i
Call SameVal(Z, n)
RankSum=0
  For i=1 To n
  If Z(i, 2)=1 Then RankSum = RankSum+Z(i, 3)
  Next i
RanOut.Select
ActiveCell="Wilcoxson の順位和検定"
ActiveCell.Offset(2, 0).Range("A1").Select
ActiveCell="データ数"
```

```
ActiveCell.Offset(1, 0).Range("A1").Select
Call WriteOneLine("n1", n1)
Call WriteOneLine("n2", n2)
Call WriteOneLine("計", n)
ActiveCell.Offset(1, 0).Range("A1").Select
Call WriteOneLine("順位和", RankSum)
End Sub

Sub Sort1(MatA() As Double, n As Integer, k As Integer, m As Integer, _
    Order As Integer)
Dim Change As Integer, i As Integer, n1 As Integer, a As Double
Do
Change=0
  For i=1 To n-1
    If MatA(i, m) > MatA(i+1, m) Then
    Change=1
      For j=1 To k
      a=MatA(i, j)
      MatA(i, j)=MatA(i+1, j)
      MatA(i+1, j)=a
      Next j
    End If
  Next i
Loop Until Change=0
  If Order=1 Then
  n1=n ¥ 2
    For i=1 To n1
      For j=1 To k
      a=MatA(i, j)
      MatA(i, j)=MatA(n-i+1, j)
      MatA(n-i+1, j)=a
      Next j
    Next i
  End If
End Sub

Sub SameVal(Z() As Double, n As Integer)
Dim SameOrd() As Integer, OrdStart() As Integer
Dim i As Integer, i1 As Integer, i2 As Integer, j1 As Integer, j2 As Integer, _
    a As Double
ReDim SameOrd(n), OrdStart(n, 2)
  For i=1 To n - 1
    If Z(i, 1)=Z(i+1, 1) Then
```

## 10.3 順位和を計算するプロシージャ・ユーザーフォームのコード

```
      SameOrd(i)=1
      Else
      SameOrd(i)=0
      End If
    Next i
SameOrd(0)=0
SameOrd(n)=0
j1=0
  For i=1 To n-1
    If SameOrd(i-1)=0 And SameOrd(i)=1 Then
    j1=j1+1
    OrdStart(j1, 1)=i
    j2=0
      Do
      j2=j2+1
      Loop Until SameOrd(i+j2)=0
    OrdStart(j1, 2) = j2
    End If
  Next i
If j1>=1 Then
  For i=1 To j1
  a=0
  i1=OrdStart(i, 1)
  i2=OrdStart(i, 2)
    For j=i1 To i1+i2
    a=a+Z(j, 3)
    Next j
      For j=i1 To i1+i2
      Z(j, 3)=a/(i2+1)
      Next j
  Next i
End If
End Sub


Sub ウイルコクスンの順位和検定()
Show UserFormWRankSum.Show
End Sub
```

### b. ユーザーフォーム

```
Private Sub CommandButton1_Click()
Dim DataX As String, DataY As String, OutR As String
  DataX=UserFormWRankSum.TextBox1
  DataY=UserFormWRankSum.TextBox2
```

```
    OutR = UserFormWRankSum.TextBox3
Call WRankSum(DataX, DataY, OutR)
Unload UserFormWRankSum
End Sub

Private Sub CommandButton2_Click()
Unload UserFormWRankSum
End Sub
```

## 10.3.2 コードの説明
### a. プロシージャ

Sub WRankSum：
——このプロシージャではXとYのデータを入力し，2つを合わせてZとします．Z(i,2)はXのデータの場合1，Yのデータの場合2として両者が区別可能であるようにしておきます．次に，Sort1によって，Zのデータを小さい順に並べ替え，順位をZ(i,3)に格納します．最後にXのデータ（Z(i,2)=1のデータ）の順位和を求め，これをワークシートに出力します．

Sub Sort1：
——データの昇順（小さい順）または降順（大きい順）に並べ替えを行うプロシージャで，Orderが0の場合，昇順，1の場合，降順の並べ替えを行ないます．昇順，降順いずれの場合も，まず昇順の並べ替えを行ない，降順の場合は最後に順序を逆転させます．並べ換えは「i番目と(i+1)番目を比較し，i番目が大きい場合，i番目と(i+1)番目を交換する」という操作を，すべてのiについてi番目が(i+1)番目より小さくなるまで繰り返す方法によって行なっています．なお，この方法は最も広く使われている方法で，プログラミングも容易です．しかしながら（通常ウィルコクスンの順位和検定で使われる数十程度のデータ数では問題はありませんが），データ数が数万などと非常に大きい場合，計算量が多くなりこのままでは計算時間が掛かりすぎるという欠点があります．データ数が非常に大きい場合は，最小値と最大値を求め，これの間をいくつかの区間に区切り，データをグループ分けし，各グループ内でこのプロシージャを使って並べ替えを行う，といった方法によって計算時間を大幅に短縮することができます．

Sub SameVal：
——このプロシージャでは，並べ替えを行ったZに対して，まず，$Z(i,1) = Z(i+1,1)$ となる i を求めます．さらに連続するいくつの値が同じであるかを求め，それら順位の平均から中間順位を求め，$Z(i,3)$ の値を中間順位に置き換えています．

Sub ウイルコクスンの順位和検定：
——ユーザーフォーム「UserFormWRankSum」を起動します．

## b．ユーザーフォーム

Private Sub CommandButton1_Click：
——CommandButton1 がクリックされた場合，データ範囲，出力先の入力を行ない，WRankSum によって順位和を計算します．

Private Sub CommandButton2_Click：
——これまでと同様，CommandButton2 がクリックされた場合，処理を終了します．

## 10.4　順位和検定のパーセント点の計算

　ウィルコクスンの順位和検定のパーセント点 $\underline{w}_a, \overline{w}_a$ は，$W_1 = r$ となる順位の組み合わせ数から正確に求めることができますが，$n_1, n_2$ の値が大きくなると，組み合わせ数を求めるのは大変になってきます．表 10.2 は $n_1 \leq 10$，$n_2 \leq 20$ の場合の $\underline{w}_a, \overline{w}_a$ を与えていますが，これに含まれない $n_1, n_2$ で検定を行なう場合もあります．「10章.xls」は，乱数を使ったシミュレーションによってパーセント点を計算するプロシージャ「Sub WRankSumCalc1」を含んでいます．また，$n_1, n_2$ の値が大きい場合，帰無仮説のもとで $W_1$ の分布は平均 $n_1(n+1)/2$，分散 $n_1 n_2 (n+1)/12$ の正規分布で近似できます．「10章.xls」は，この関係を使ってパーセント点を求めるプロシージャ「Sub WRankSumPerCalc2」も含んでいます．これらのプロシージャは Module6 に収録されていますので，10.5 節を参考にしてコードの意味を理解してください．Excel からの $n_1, n_2$ の値，および，結果の出力先の指定を行なうユーザーフォームは，「UserFormWRankSumPercent」ですので，このユーザーフォームの意味もよく理解してください．

マクロの「順位和検定パーセント点」を実行してください．$n_1=7$，$n_2=11$，シミュレーションの繰り返し回数を **10000**，出力先を **A21** としてパーセント点を計算してみてください．A21 を先頭とする範囲に $n_1=7$，$n_2=11$ の場合のパーセント点が出力されます．なお，シミュレーションによる方法では，1 万回程度の繰り返しでは $\alpha=0.5\%, 1\%$ の場合，十分ではなく，多少の誤差がでます．$\alpha=0.5\%, 1\%$ の値を正確に求めるには，10 万回以上（「繰り返し回数」の値を 100000 以上とする）の繰り返しが必要となります．しかしながら，計算時間は繰り返し回数に比例して増加しますで，注意してください（図 10.3, 10.4）．

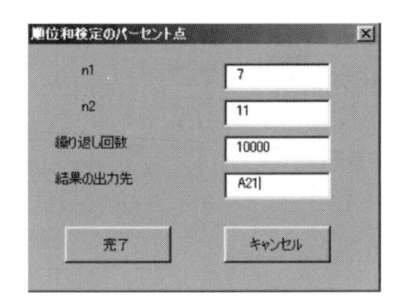

図 10.3 マクロを実行して，ウィルコクスンの順位和検定のパーセント点を計算する．

| | A | B | C |
|---|---|---|---|
| 21 | 順位和検定のパーセント点 | | |
| 22 | n1 | 7 | |
| 23 | n2 | 11 | |
| 24 | シミュレーションによるもの | | |
| 25 | α | 下限値 | 上限値 |
| 26 | 0.005 | 39 | 95 |
| 27 | 0.01 | 41 | 93 |
| 28 | 0.025 | 44 | 89 |
| 29 | 0.05 | 47 | 86 |
| 30 | 0.1 | 51 | 82 |
| 31 | 0.2 | 56 | 77 |
| 32 | 0.3 | 60 | 73 |
| 33 | 0.4 | 63 | 70 |
| 34 | 正規分布の近似に基づくもの | | |
| 35 | α | 下限値 | 上限値 |
| 36 | 0.005 | 38.0587 | 94.9413 |
| 37 | 0.01 | 40.81349 | 92.18651 |
| 38 | 0.025 | 44.85892 | 88.14108 |
| 39 | 0.05 | 48.33821 | 84.66179 |
| 40 | 0.1 | 52.34964 | 80.65036 |
| 41 | 0.2 | 57.20716 | 75.79284 |
| 42 | 0.3 | 60.70978 | 72.29022 |
| 43 | 0.4 | 63.70265 | 69.29735 |

図 10.4 $n_1=7$，$n_2=11$ の場合のパーセント点の計算結果

## 10.5 パーセント点を計算するプロシージャ・ユーザーフォームのコード

### 10.5.1 コード

プロシージャは Module6 に収録されています．

#### a．プロシージャ

```
Sub WRankSumPercent(n1 As Integer, n2 As Integer, trial As Long, _
    OutR As String)
Dim OutRange As Range, per(8, 3) As Double
  Set OutRange=Range(OutR)
  OutRange.Select
  Call SetPer(per)
  ActiveCell="順位和検定のパーセント点"
  ActiveCell.Offset(1, 0).Range("A1").Select
Call WriteOneLine("n1", n1)
Call WriteOneLine("n2", n2)
ActiveCell="パーセント点を計算中です．しばらく時間がかかる場合があります．"
  Call WRankSumPerCalc1(n1, n2, trial, per)
  ActiveCell="シミュレーションによるもの"
  ActiveCell.Offset(1, 0).Range("A1").Select
  Call WRankSumPerWrite(per)
ActiveCell="正規分布の近似に基づくもの"
ActiveCell.Offset(1, 0).Range("A1").Select
Call WRankSumPerCalc2(n1, n2, per)
Call WRankSumPerWrite(per)
End Sub

Sub SetPer(per() As Double)
    per(1, 1)=0.005
    per(2, 1)=0.01
    per(3, 1)=0.025
    per(4, 1)=0.05
    per(5, 1)=0.1
    per(6, 1)=0.2
    per(7, 1)=0.3
    per(8, 1)=0.4
End Sub

Sub WRankSumPerCalc1(n1 As Integer, n2 As Integer, trial As Long, _
     per() As Double)
Dim X() As Single, Y() As Single, Ord() As Integer, Num() As Long, _
```

```
    m1 As Long, m2 As Long
Dim a1 As Single, a2 As Single, a3 As Single, n As Integer
  n=n1+n2
  m1=CLng(n1+1)*CLng(n1)/2
  m2=CLng(n+1)*CLng(n)/2-CLng(n2+1)*CLng(n2)/2
ReDim X(n, 3), Num(m1 To m2)
  For i=m1 To m2
  Num(i)=0
  Next i
For j=1 To trial
k1=0
k2=n+1
  For i=1 To n
  a1=Rnd
    If i<=n1 Then
    a2=1
    Else
    a2=2
    End If
      If a2<0.5 Then
      k1=k1+1
      X(k1, 1)=a1
      X(k1, 2)=a2
      Else
      k2=k2-1
      X(k2, 1)=a1
      X(k2, 2)=a2
      End If
  Next i
    Call Sort2(X, n, 3, 1)
  For i=1 To n
  X(i, 3)=i
  Next i
    a=0
  For i=1 To n
  If X(i, 2)=1 Then a = a+X(i, 3)
  Next i
    k1=a
    Num(k1)=Num(k1)+1
Next j
  a=0
  b1=0
For k=m1 To m2
```

```
    a=a+Num(k)
    b=a/trial
      For j=1 To 8
        If b1<per(j, 1) And b>=per(j, 1) Then
        per(j, 2)=k-1
        End If
      Next j
        For j=1 To 8
          If b1<1-per(j, 1) And b>=1-per(j, 1) Then
          per(j, 3)=k + 1
          End If
      Next j
    b1=b
Next k
End Sub

Sub WRankSumPerCalc2(n1 As Integer, n2 As Integer, per() As Double)
Dim mean As Double, var As Double, s As Double, n As Integer, i As Integer, _
    p As Double, a As Double
n=n1+n2
mean=CDbl(n1)*CDbl(n+1)/2
var=CDbl(n1)*CDbl(n2)*CDbl(n+1)/12
s=var^0.5
  For i=1 To 8
  p=per(i, 1)
  a=-Application.NormSInv(p)*s
  per(i, 2)=mean-a
  per(i, 3)=mean+a
  Next i
End Sub

Sub Sort2(MatA() As Single, n As Integer, k As Integer, m As Integer)
Dim Change As Integer
Do
Change=0
  For i=1 To n-1
    If MatA(i, m)>MatA(i+1, m) Then
    Change=1
      For j=1 To k
      a=MatA(i, j)
      MatA(i, j)=MatA(i+1, j)
      MatA(i+1, j)=a
      Next j
```

```
      End If
    Next i
Loop Until Change = 0
End Sub


Sub WRankSumPerWrite(per() As Double)
  ActiveCell="α"
  ActiveCell.Offset(0, 1).Range("A1").Select
  ActiveCell="下限値"
  ActiveCell.Offset(0, 1).Range("A1").Select
  ActiveCell="上限値"
  ActiveCell.Offset(1, -2).Range("A1").Select
  Call Output(per, 8, 3, ActiveCell)
End Sub


Sub 順位和検定パーセント点()
UserFormWRankSumPercent.Show
End Sub
```

## b. ユーザーフォーム

```
Private Sub CommandButton1_Click()
Dim n1 As Integer, n2 As Integer, trial As Long, OutR As String
  n1=UserFormWRankSumPercent.TextBox1.Value
  n2=UserFormWRankSumPercent.TextBox2.Value
  trial=UserFormWRankSumPercent.TextBox3.Value
  OutR=UserFormWRankSumPercent.TextBox4.Value
Call WRankSumPercent(n1, n2, trial, OutR)
Unload UserFormWRankSumPercent
End Sub


Private Sub CommandButton2_Click()
Unload UserFormWRankSumPercent
End Sub
```

### 10.5.2　コードの説明
#### a. プロシージャ
Sub WRankSumPercent：
――$n1$, $n2$の値を入力し，パーセント点を計算するプロシージャを呼び出します．

## Sub SetPer：
——$\alpha$ の値を与えます．

## Sub WRankSumPerCalc1：
——指定された n1, n2 個の一様乱数を発生させ，順位和を計算し，これを繰り返し，その結果得られる順位和の分布からパーセント点を計算します．多くの回数計算を繰り返すため，計算時間を短縮する工夫が必要となります．このため，計算の部分は単精度浮動小数点を使い，また，発生させた乱数は 0.5 未満と 0.5 以上に分け，0.5 未満は 1, 2, 3, … の順に，0.5 以上は n, n−1, n−2, … の順に X に格納するようにしてあります．また，集計は得られる値が，

$$\frac{n1(n1+1)}{2} \leq r \leq \frac{n(n+1)}{2} - \frac{n2(n2+1)}{2}$$

の整数値であることを利用して行なっています．なお，プログラミング上で注意する点があります．シミュレーションで得られる値の上限と下限を計算するのに
    m1＝(n1＋1)＊n1/2
    m2＝(n＋1)＊n/2−(n2＋1)＊n2/2
としたとします．これらの計算では，整数型と整数型の変数の積がまず計算され，結果は一時的に整数型として保存されます．このため，積の計算結果の値が−32,768〜32,767 を越えるような n1, n2 の値に対してはオーバーフローエラーを起こします．
    m1＝CLng(n1＋1)＊CLng(n1)/2
とすると，変数が長整数型に変換され，結果が長整数型として保存されるため，エラーは積の値が−2,147,483,648〜2,147,483,647 の間では起こりません．整数型の変数の掛け算に関しては，このようなことが起こりますので注意してください．また，インデックスの値が大きな値となる場合があるので，一部のインデックスにはデータタイプを指定しない Variant 型を使っていますが，指定する場合は長整数型として指定する必要があります．

  なお，変数のデータタイプを変更する主な関数は次の通りです．（引数が数値の場合はそれを表す文字列を含みます．また，変換の結果が指定された数値の範囲に入らない場合はエラーとなります．）

CBool（引数）    文字列または数値をブール型に変換する．引数が数値で 0 の場

| | |
|---|---|
| | 合 False, それ以外は True となる. 文字列の場合は "False" または "True"（大文字・小文字の違いは可）以外はエラーとなる. |
| CByte（引数） | 引数を 0〜255 までのバイト型に変換する. 小数点以下は切り捨てられる. |
| CInt（引数） | 引数を $-32,768$〜$32,767$ までの整数型に変換する. 小数点以下は四捨五入される. ただし小数部分がちょうど 0.5 の場合は切り捨てられる. |
| CLng（引数） | 引数を $-2,147,483,648$〜$2,147,483,647$ の長整数型に変換する. 小数点以下は四捨五入される. ただし小数部分がちょうど 0.5 の場合は切り捨てられる. |
| CSng（引数） | 引数を単精度浮動小数点型に変換する. |
| CDbl（引数） | 引数を倍精度浮動小数点型に変換する. |
| CStr（引数） | 引数を文字列に変換する. |
| CDate（引数） | 引数を日付型に変更する. |
| CCur（引数） | 引数を通貨型に変更する. |
| CVar（引数） | 引数をバリアント型に変更する. |
| Fix（引数） | 引数の整数部分を与える. 変数のデータタイプは変更されない. |
| Int（引数） | 引数の値を超えない最大の整数を与える. 変数のデータタイプは変更されない. |
| Val（引数） | 指定した文字列を数値とする. データタイプは適当なものを選ぶ. |
| Str（引数） | 数値の値を文字列とする. データタイプはバリアント型となる. |

Sub WRankSumPerCalc2：
——正規分布による近似に基づき，パーセント点を計算しています．NormSInv は，第 4 章で説明したように，Excel のワークシート関数で，標準正規分布の累積分布関数の逆関数を計算します．平均，分散の計算では，CDbl を使って変数を倍精度浮動小数点型に変換して整数型と整数型の変数の積で生じる問題を防いでいます．

Sub Sort2：
——計算速度を速めるため単精度浮動小数点型の変数を使って並べ替えを行ないます．

Sub WRankSumPerWrite：
——パーセント点の計算結果を出力します．

Sub 順位和検定パーセント点：
——ユーザーフォーム「WrankSumPercent」を起動します．

b． ユーザーフォーム

Private Sub CommandButton1_Click：
——$n_1$, $n_2$ の値，繰り返し回数，出力先を読み込み，パーセント点を計算します．

Private Sub CommandButton2_Click：
——処理を終了します．

## 10.6 演 習 問 題

　ここでのシミュレーションによるプロシージャでは，$[0, 1]$ の一様乱数を使ってウィルコクスンの順位和検定のパーセント点を計算しています．第4章を参考にして，ほかの連続型の分布（指数分布，適当な自由度の $t$ 分布，$\chi^2$ 分布，$F$ 分布など）にしたがう乱数を使ってパーセント点を計算するようにプロシージャを変更し，マクロを実行してください．繰り返し回数を大きくすると，求められたパーセント点は分布に依存せずに同一の値に収束することを確認してください．

# 11. ウィルコクスンの符号付順位検定

前章では，2つの母集団の同一性の検定について考えましたが，得られる2組のデータに対応関係がある場合があります．例えば，ある治療方法の効果などを調べる場合，対象者 $i$ の治療を行う前のデータ $X_i$ と，治療を行った後のデータ $Y_i$ を比較して治療効果を調べるなどの場合です．このように，対応のあるデータの比較の場合，通常は母集団が正規分布にしたがうとして $X_i - Y_i$ を使って検定を行ないます．しかしながら，この場合も母集団が正規分布にしたがわない場合（特に分布の裾が広い場合）この検定は正しい結果を与えず，しばしば，非常におかしな結果を与えることが知られています．このような場合，ノンパラメトリック検定が使われますが，本章ではウィルコクスンの符号付順位検定およびそれを計算するプロシージャについて説明します．

## 11.1 ウィルコクスンの符号付順位検定

2つの連続型の分布に従う母集団があり，同一対象者の治療前と治療後のデータのように，2つの母集団から対応のある標本 $(X_1, Y_1), (X_2, Y_2), \cdots, (X_n, Y_n)$ を抽出したとします．これまでと同様，2つの母集団は分布の位置以外の分布形は同一，すなわち，$f(x)$ を第1の母集団の分布とすると第2の母集団の分布は $f(x-a)$ で表されるとします．検定したいのは2つの母集団の分布が同一かどうかですが，母集団の分布が未知で正規分布と大きく異なっている可能性があるとします．帰無仮説は，

$H_0 : a=0$（両者の分布が同一である）

です．対立仮説は，両側検定の場合，

$H_1 : a \neq 0$（両者の分布の位置が異なる），

片側検定の場合，

$H_1 : a>0$（第2の母集団の分布が右側にずれている），

または，

$H_1: a<0$(第2の母集団の分布が左側にずれている),

となります.

ウィルコクスンの符号付順位検定は，$|X_i-Y_i|$ の順位に注目したもので，次のように行なわれます.

1) $i=1,2,\cdots,n$ に対して，$|X_i-Y_i|$ を計算し，小さい順に並べた順位 $p_i$ を求める.
2) $X_i-Y_i>0$ である $i$ について順位の和を求め，それを $W_2$ とする.

例えば,

| $i$ | 1 | 2 | 3 | 4 | 5 |
|---|---|---|---|---|---|
| $X$ | 2.1 | 3.1 | 0.6 | 0.5 | 2.7 |
| $Y$ | 4.7 | 2.9 | 3.0 | 1.5 | 2.6 |

とすると,

| $X-Y$ | $-2.6$ | 0.2 | $-2.4$ | $-1$ | 0.1 |
|---|---|---|---|---|---|
| $X-Y$ の符号 | $-$ | $+$ | $-$ | $-$ | $+$ |
| $\|X-Y\|$ | 2.6 | 0.2 | 2.4 | 1.0 | 0.1 |
| $\|X-Y\|$ の順位 | 5 | 2 | 4 | 3 | 1 |

ですので，$W_2$ は $i=2,5$ の $|X_i-Y_i|$ の順位の和で，$W_2=2+1=3$ となります.

帰無仮説のもとでは，2つの母集団の分布は同一ですので，順位和検定の場合と同様，$W_2=r$ となる確率は組み合わせ数の数え上げから求めることができ，$0\le a\le 1$ に対して，

$$\underline{v}_a=P(W_2\le r)\le a,\quad P(W_2\le r+1)>a \text{ となる } r$$
$$\bar{v}_a=P(W_2\ge r)\le a,\quad P(W_2\ge r-1)>a \text{ となる } r$$

を求めることができます．表 11.1 は $a=0.5\%,1\%,2.5\%,5\%$ の場合のパーセント点 $\underline{v}_a,\bar{v}_a$ の値（$n\le 30$）を与えています.（$W_2$ は整数値のみをとる離散型の変数であるため，特別な $a$ の値を除き $P(W_2\le r)=a$，$P(W_2\ge r)=a$ などとなる $r$ は存在しません.）

検定では，対立仮説が，$H_1: a\ne 0$ の場合,

$W_2\le \underline{v}_{a/2}$，または，$W_2\ge \bar{v}_{a/2}$ の場合，帰無仮説を棄却し，それ以外は棄却しない.

片側検定で，$H_1: a>0$ の場合,

表 11.1 ウィルコクスン符号付順位検定のパーセント点

| $n$ | 0.5% | | 1% | | 2.5% | | 5% | |
|---|---|---|---|---|---|---|---|---|
| | $\underline{v}_a$ | $\bar{v}_a$ | $\underline{v}_a$ | $\bar{v}_a$ | $\underline{v}_a$ | $\bar{v}_a$ | $\underline{v}_a$ | $\bar{v}_a$ |
| 5 | — | — | — | — | — | — | 0 | 15 |
| 6 | — | — | — | — | 0 | 21 | 2 | 19 |
| 7 | — | — | 0 | 28 | 2 | 26 | 3 | 25 |
| 8 | 0 | 36 | 1 | 35 | 3 | 33 | 5 | 31 |
| 9 | 1 | 44 | 3 | 42 | 5 | 40 | 8 | 37 |
| 10 | 3 | 52 | 5 | 50 | 8 | 47 | 10 | 45 |
| 11 | 5 | 61 | 7 | 59 | 10 | 56 | 13 | 53 |
| 12 | 7 | 71 | 9 | 69 | 13 | 65 | 17 | 61 |
| 13 | 9 | 82 | 12 | 79 | 17 | 74 | 21 | 70 |
| 14 | 12 | 92 | 15 | 89 | 21 | 84 | 25 | 80 |
| 15 | 16 | 105 | 19 | 101 | 25 | 95 | 30 | 90 |
| 16 | 19 | 117 | 23 | 113 | 30 | 107 | 35 | 101 |
| 17 | 23 | 130 | 28 | 126 | 35 | 119 | 41 | 112 |
| 18 | 27 | 143 | 32 | 138 | 40 | 131 | 47 | 124 |
| 19 | 32 | 158 | 38 | 153 | 46 | 144 | 53 | 137 |
| 20 | 37 | 173 | 43 | 167 | 52 | 158 | 60 | 150 |
| 21 | 43 | 189 | 49 | 182 | 59 | 173 | 67 | 164 |
| 22 | 48 | 204 | 55 | 198 | 66 | 187 | 75 | 178 |
| 23 | 54 | 222 | 62 | 214 | 73 | 203 | 83 | 193 |
| 24 | 61 | 239 | 69 | 231 | 81 | 219 | 91 | 209 |
| 25 | 68 | 257 | 76 | 248 | 89 | 236 | 100 | 225 |
| 26 | 76 | 276 | 84 | 267 | 98 | 254 | 110 | 242 |
| 27 | 84 | 295 | 92 | 285 | 107 | 271 | 120 | 258 |
| 28 | 92 | 315 | 101 | 305 | 117 | 290 | 130 | 277 |
| 29 | 100 | 336 | 111 | 325 | 127 | 309 | 141 | 295 |
| 30 | 108 | 356 | 120 | 345 | 137 | 328 | 151 | 314 |

—はすべての値で帰無仮説を棄却できないことを示している．

$W_2 \leq \underline{v}_a$ の場合，帰無仮説を棄却し，それ以外は棄却しない．
$H_1 : a<0$ の場合，
　$W_2 \leq \bar{v}_a$ の場合，帰無仮説を棄却し，それ以外は棄却しない．

という検定を行ないます．

$X_i = Y_i$ となる $i$ がある場合は，それらを除いた標本について検定を行ないます．また，$|X_i - Y_i|$ に同一の値があり同順位となるデータがある場合は，中間順位を取る操作を行ないます．（連続型の分布の場合，このような確率は0ですが，データを比較的短い桁数で表す場合など，このようなことが起こります．また，順位和検定と同様，離散型の分布に対しては，この検定をそのまま用いることはできませんので注意してください．）

なお，$n$ が大きい場合，$W_2$ の分布は帰無仮説のもとで，平均 $n(n+1)/4$，分散 $n(n+1)(2n+1)/24$ の正規分布で近似できることが知られています．$n$ の値が表 11.1 の値より大きい場合は，この近似はよい精度で成り立ちますので，これを使って検定を行ないます．

## 11.2 符号付順位を計算するプロシージャ

付録 CD-ROM の「11章.xls」は，ウィルコクスンの符号付順位と正規分布による近似に基づくパーセント点を計算するプロシージャ（Module7に含まれています），および，Excelからの入力を行なうユーザーフォーム「UserForm-WSignRank」が収録されています．11.3節を参照してコードの意味を理解してください．$n > 30$ の場合は，パーセント点が表 11.1 に与えられていませんので，正規分布に基づく近似式からパーセント点を計算し出力します．

A1 から B11 に

| X | Y |
|---|---|
| 3.2 | 2.1 |
| 3.4 | 4.5 |
| 5.6 | 2.5 |
| 7.2 | 6.2 |
| 2.9 | 7.1 |
| 7.0 | 4.3 |
| 4.2 | 4.2 |
| 3.6 | 4.2 |
| 6.1 | 2.5 |
| 5.3 | 7.3 |

と入力してください．

*164*　　　　　　　　　11. ウィルコクスンの符号付順位検定

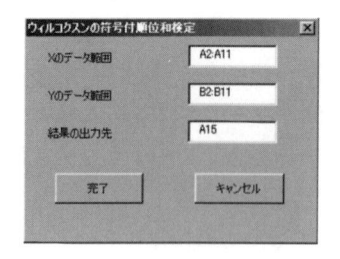

図 11.1　X，Y のデータ範囲，出力先を指定し，ウィルコクスンの符号付順位検定を行なう．

図 11.2　符号付順位の計算結果

| | A | B |
|---|---|---|
| 15 | ウィルコクスンの符号付順位和検定 | |
| 16 | データ数 | 10 |
| 17 | 差が0でないデータ数 | 9 |
| 18 | 符号付順位和 | 26.5 |
| 19 | | |

| | L | M | N |
|---|---|---|---|
| 1 | ウィルコクスンの符号付順位和検定 | | |
| 2 | データ数 | 31 | |
| 3 | 差が0でないデータ数 | 31 | |
| 4 | 符号付順位和 | 289 | |
| 5 | | | |
| 6 | 符号付順位和検定のパーセント点 | | |
| 7 | α | 下限値 | 上限値 |
| 8 | 0.005 | 116.5567 | 379.4433 |
| 9 | 0.01 | 129.2882 | 366.7118 |
| 10 | 0.025 | 147.9844 | 348.0156 |
| 11 | 0.05 | 164.0641 | 331.9359 |
| 12 | 0.1 | 182.6032 | 313.3968 |
| 13 | 0.2 | 205.0526 | 290.9474 |
| 14 | 0.3 | 221.2401 | 274.7599 |
| 15 | 0.4 | 235.0719 | 260.9281 |
| 16 | | | |

図 11.3　「差が 0 でないデータ数」が 30 をこえる場合は，正規近似に基づくパーセント点が出力される．

$H_1: a \neq 0$，$a=5\%$ として検定を行います．マクロの「ウィルコクスンの符号付順位検定」を実行してください．「X のデータ範囲」に **A2:A11**，「Y のデータ範囲」に **B2:B11**，「結果の出力先」に **A15** を指定してください．このマクロでは，$X_i = Y_i$ となる $i$ がある場合は，それらを除いたデータについて検定を行ない，また，$|X_i - Y_i|$ に同一の値があり同順位となるデータがある場合は，中間順位を取る操作を行なっていますので，$W_2 = 26.5$ となります．$X_i = Y_i$ でない観測値の数は 9 ですので，$\underline{v}_{a/2}=5$，$\bar{v}_{a/2}=40$ で帰無仮説は棄却されず，分布に差は認められないことになります（図 11.1〜11.3）．

## 11.3　プロシージャ・ユーザーフォームのコード

### 11.3.1　プロシージャ

プロシージャは Module7 に収録されています．

## a. プロシージャ

```
Sub WSignRank(DataX As String, DataY As String, DataR As String)
Dim n1 As Integer, n2 As Integer, n3 As Integer, SignRank As Double
Dim X() As Double, Y() As Double, Z() As Double, per(8, 3) As Double
Dim RanX As Range, RanY As Range, RanR As Range
  Set RanX=Range(DataX)
  Set RanY=Range(DataY)
  Set RanR=Range(DataR)
n1=RanX.Rows.Count
n2=RanY.Rows.Count
  If n1<>n2 Then
  RanR.Select
  ActiveCell="第1の変数と第2の変数のデータ数が異なります."
  GoTo Err
  End If
ReDim X(n1, 1), Y(n1, 1), Z(n1, 4)
Call InputData(X, n1, 1, RanX)
Call InputData(Y, n1, 1, RanY)
  For i=1 To n1
  Z(i, 1)=X(i, 1)
  Z(i, 2)=Y(i, 1)
  Z(i, 3)=Abs(Z(i, 1) - Z(i, 2))
  If Z(i, 3)=0 Then Z(i, 3)=1.111E+100
  Next i
Call Sort1(Z, n1, 4, 3, 0)
  For i=1 To n1
  Z(i, 4)=i
  Next i
Call SameVal2(Z, n1)
SignRank=0
n3=0
  For i=1 To n1
  If Z(i, 1)>Z(i, 2) Then SignRank=SignRank+Z(i, 4)
  If Z(i, 1)<>Z(i, 2) Then n3=n3+1
  Next i
RanR.Select
ActiveCell="ウィルコクスンの符号付順位検定"
ActiveCell.Offset(1, 0).Range("A1").Select
Call WriteOneLine("データ数", n1)
Call WriteOneLine("差が0でないデータ数", n3)
Call WriteOneLine("符号付順位", SignRank)
ActiveCell.Offset(1, 0).Range("A1").Select
  If n3>30 Then
```

```
      ActiveCell="符号付順位検定のパーセント点"
      ActiveCell.Offset(1, 0).Range("A1").Select
      Call SetPer(per)
      Call WSignRankPerCalc(n3, per)
      Call WRankSumPerWrite(per)
      End If
Err:
End Sub

Sub SameVal2(Z() As Double, n As Integer)
Dim SameOrd() As Integer, OrdStart() As Integer, NumSame As Integer
ReDim SameOrd(n), OrdStart(n, 2)
   For i=1 To n-1
      If (Z(i, 3)=Z(i+1, 3)) And (Z(i, 1)<>Z(i, 2)) Then
      SameOrd(i)=1
      Else
      SameOrd(i)=0
      End If
   Next i
SameOrd(0)=0
SameOrd(n)=0
j1=0
   For i=1 To n-1
      If SameOrd(i-1)=0 And SameOrd(i)=1 Then
      j1=j1+1
      OrdStart(j1, 1)=i
      j2=0
         Do
         j2=j2+1
         Loop Until SameOrd(i+j2)=0
      OrdStart(j1, 2)=j2
      End If
   Next i
If j1>=1Then
   For i=1 To j1
   a=0
   i1=OrdStart(i, 1)
   i2=OrdStart(i, 2)
      For j=i1 To i1+i2
      a=a+Z(j, 4)
      Next j
         For j=i1 To i1+i2
         Z(j, 4)=a/(i2+1)
```

```
      Next j
    Next i
End If
NumSame=j1
End Sub

Sub WSignRankPerCalc(n3 As Integer, per() As Double)
Dim mean As Double, var As Double, s As Double, i As Integer, _
    p As Double, a As Double, n As Double
n=n3
mean=n*(n+1)/4
var=n*(n+1)*(2*n+1)/24
s=var^0.5
  For i=1 To 8
  p=per(i, 1)
  a=-Application.NormSInv(p)*s
  per(i, 2)=mean-a
  per(i, 3)=mean+a
  Next i
End Sub

Sub ウィルコクスンの符号付順位検定()
UserFormWSignRank.Show
End Sub
```

b. ユーザーフォーム

```
Private Sub CommandButton1_Click()
Dim DataX As String, DataY As String, OutR As String
DataX=UserFormWSignRank.TextBox1.Text
DataY=UserFormWSignRank.TextBox2.Text
  OutR=UserFormWSignRank.TextBox3.Text
Call WSignRank(DataX, DataY, OutR)
Unload UserFormWSignRank
End Sub

Private Sub CommandButton2_Click()
Unload UserFormWSignRank
End Sub
```

## 11.3.2 コードの説明
### a. 符号付順位を計算するプロシージャ

Sub WsignRank：
――符号付順位を計算しますが，DataX＝DataY（$X_i = Y_i$）となるiがある場合は，それらを除いたデータについて，$|X_i - Y_i|$の順位を計算しています．$|X_i Y_i|$に同一の値があり，同順位となるデータがある場合は，「Sub SameVal2」によって中間順位を取る操作を行ない，符号付順位を求めています．また，データ数が30を越える場合は，正規分布による近似に基づいてパーセント点を計算し，その結果を出力します．

Sub SameVal2：
――$|X_i - Y_i|$に同一の値があり同順位となるデータがある場合，中間順位を取る操作を行ないます．

Sub WSignRankPerCalc：
――正規分布による近似に基づいてパーセント点を計算します．

Sub ウィルコクスンの符号付順位検定：
――ユーザーフォームの「UserFormWSignRank.Show」を起動します．

### b. ユーザーフォーム

Private Sub CommandButton1_Click：
――データ範囲，出力先を入力し，符号付順位を計算します．

Private Sub CommandButton2_Click：
――処理を終了します．

## 11.4 演 習 問 題

ウィルコクスンの符号付順位検定においても，乱数を使ったシミュレーションによって，検定のためのパーセント点を計算することができます．乱数を使ったシミュレーションによって，パーセント点を計算するプロシージャ・ユーザーフォームを作成してください．

# 12. リストボックスの使用とアドイン

いままで，いくつかのプロシージャを作成してきましたが，マクロ名を指定して実行させていました．ここでは，リストボックスを使って，マクロ/プロシージャ名の一覧を表示し，一覧から必要なマクロ/プロシージャを指定して実行するように変更します．さらに，作成したマクロ/プロシージャをアドインとして Excel に組み込み，(マクロを作成したブックを呼び出さなくとも) これらを常に使用可能な状態とします．

## 12.1 リストボックス

リストボックスを使って，いままで作成したプロシージャのうち，行列の計算，分散共分散相関係数，最小二乗法，ウィルコクスンの順位和検定，順位和検定パーセント点，ウィルコクスンの符号付順位検定を一覧として出力し，その中から実行するものを指定するようにします．前章で作成したブックを呼び出してください．Visual Basic Editor を起動し，ユーザーフォームを挿入し，プロジェクト名を **UserFormStatTool**，Caption を **統計分析ツール** としてください．図 12.1 のように，リストボックスをドラッグし，ユーザーフォームに適当な大

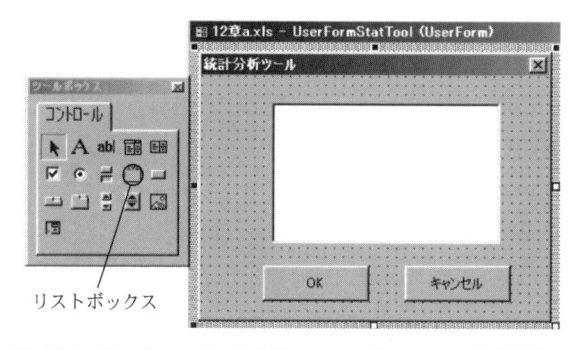

図 12.1 「リストボックス」を使ったユーザーフォームを作成する．

きさのリストボックスをつくってください．さらに，ボックス下部に2つのコマンドボックスを作り，表示を **OK** と **キャンセル** としてください．

[コードの表示] ボタンをクリックし，Private Sub UserForm_Activate()を

**Private Sub UserForm_Activate()**
**UserFormStatTool.ListBox1.AddItem("行列の計算")**
**UserFormStatTool.ListBox1.AddItem("分散共分散相関係数")**
**UserFormStatTool.ListBox1.AddItem("最小二乗法")**
**UserFormStatTool.ListBox1.AddItem("ウィルコクスンの順位和検定")**
**UserFormStatTool.ListBox1.AddItem("順位和検定パーセント点")**
**UserFormStatTool.ListBox1.AddItem("ウィルコクスンの符号付順位検定")**
**End Sub**

としてリストボックスに表示する内容を指定します．さらに，Private Sub CommandButton1_Click() と Private Sub CommandButton2_Click()に次のコードを入力してください．

**Private Sub CommandButton1_Click()**
**Dim i As Integer**
**i=UserFormStatTool.ListBox1.ListIndex**
**Call StatTool(i)**
**End Sub**


**Private Sub CommandButton2_Click()**
**unload UserFormStatTool**
**End Sub**

.ListBox1.ListIndex はリストボックス内で指定された項目の番号を表します．項目の番号は，最初が0, 2番目が1, 3番目が2, …となっています．

Module8 を挿入し，次のコードを入力してください．

**Sub StatTool(i As Integer)**
**Unload UserFormStatTool**
**Select Case i**
 **Case 0**
  **行列の計算**
 **Case 1**

## 12.1 リストボックス

[図: 統計分析ツールのダイアログボックス。リスト項目「行列の計算／分散共分散相関係数／最小二乗法／ウィルコクスンの順位和検定／順位和検定パーセント点／ウィルコクスンの符号付順位検定」とOK・キャンセルボタン]

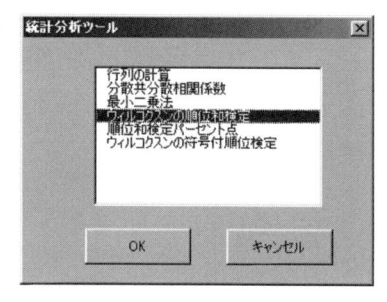

図 12.2 マクロの「統計分析ツール」を実行すると,「統計分析ツール」のボックスが現れるので, 目的の項目をクリックして選択し, [OK] をクリックすると, その項目が実行される.

　　分散共分散相関係数
　　Case 2
　　最小二乗法
　　Case 3
　　ウィルコクスンの順位和検定
　　Case 4
　　順位和検定パーセント点
　　Case 5
　　ウィルコクスンの符号付順位検定
**End Select**
**End Sub**


**Sub 統計分析ツール()**
**UserFormStatTool.Show**
**End Sub**

Excel に戻り,「統計分析ツール」のマクロを実行すると分析方法のリストのボックスが現れますので, 目的の項目をクリックし [OK] をクリックすると, その分析方法が実行されます (図 12.2). このファイルに適当な名前を付けて保存して下さい. (ここまでの内容は, 付録 CD-ROM の「12 章 a.xls」に保存されています.)

## 12.2 プロジェクトの保護

これまで，いろいろな統計分析を行なうマクロ/プロシージャを作成してきましたが，これを使って分析を行なうには，いちいちマクロ/プロシージャを含むブックを呼び出す必要がありました．ここでは，アドインとしてこれらをExcelに組み込むことによって，(ブックを呼び出すことなく) 常時使用可能な状態とします．前項で作成したファイルを呼び出してください．

まず，プロジェクトを保護して，正しいパスワードが入力されない場合には，コードが表示されないようにします．プロジェクトの保護は，他人にマクロ/プロシージャの内容を秘密にするばかりでなく，アドインとして組み込んだ場合，

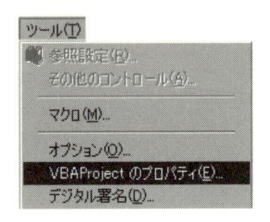

図 12.3 プロジェクトにパスワードを設定するには，Visual Basic Editor の ［ツール(T)］→［VBAProject のプロパティ(E)］ をクリックする．

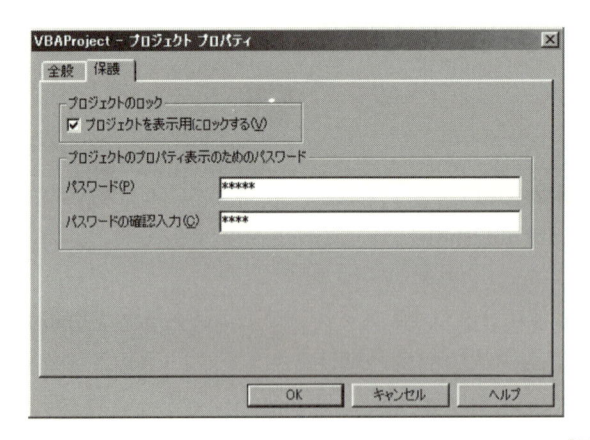

図 12.4 「VBAProject-プロジェクトプロパティ」のボックスが現れるので，［保護］をクリックする．「プロジェクトのロック」の［プロジェクトを表示用にロックする(V)］をクリックして，その前のボックスがクリックされている状態とする．「プロジェクトのプロパティ表示のためのパスワード」の「パスワード(P)」にパスワードを入力し，［パスワードの確認入力(C)］に同じパスワードを入力する．パスワードは大文字・小文字が区別される．

Visual Basic Editor で余分なコードが表示されないようにするためにも重要です．Visual Basic Editor を起動し，[ツール(T)]→[VBAProject のプロパティ(E)] をクリックしてください．[VBAProject-プロジェクト プロパティ] のボックスが現れますので，[保護] をクリックし，[プロジェクトのロック] の [プロジェクトを表示用にロックする(V)] をクリックして，その前のボックスがクリックされている状態とします．[プロジェクト プロパティ表示のためのパスワード] の [パスワード(P)] に **stattool** と入力してください．パスワードは VBA のコードと異なり大文字・小文字が区別されますので注意してください．さらに，[パスワードの確認入力(C)] に同じパスワードを入力し，[OK] をクリックしてください．次回起動時から設定が有効になり，正しいパスワードが入力されない限り，コードなどは表示されません．パスワードは忘れないようにしてください（図 12.3，12.4）．（Excel からのマクロの実行はパスワードなしで可能です．パスワードが設定され，プロジェクトが保護されたファイルは付録 CD-ROM に「12 章 b.xls」として保存されています．）

## 12.3 アドインへの組み込み

### 12.3.1 アドイン用のファイルの保存

作成したマクロ/プロシージャをアドイン用のファイルとして保存します．Excel 2000 と Excel 97 では，手順が多少異なりますので，2 つに分けて説明します．

#### a. Excel 2000

[ファイル(F)]→[名前を付けて保存(S)] をクリックしてください．[ファイル名(N)] を **統計分析ツール** とし，[ファイルの種類(T)] を [Microsoft Excel アドイン] とします．[保存先(I)] が [Addins] に変更になりますので，[保存(S)] をクリックして下さい．プロシージャの部分が Excel のアドイン用のファイルとして C:¥Program Files¥Microsoft Office¥Office¥Addins のフォルダ（ディレクトリ）に自動的に保存されます．（タイプ名は xla となります．また，現在，開いているブックには変更はありません．）[ツール(T)]→[アドイン(I)] をクリックしてください．アドインのリストに [統計分析ツール] があることを確認してください．（[統計分析ツール] がない場合は，次に述べる Excel 97 の手順を参考にして，アドインのリストに [統計分析ツール] が現れるようにしてください．アドインに [統計分析ツール] がないとエラーとなります．ツ

図12.5 ［ファイル名(N)］を「統計分析ツール」とし，［ファイルの種類(T)］を［Microsoft Excelアドイン］とする．［保存先(I)］が［Addins］に変更となるので，［保存(S)］をクリックする．プロシージャの部分がExcelのアドイン用のファイルとして保存される．

ールバーへの組み込みができません．）

### b．Excel 97

Excel 97でもアドイン用のファイルをC:¥Program Files¥Microsoft Office¥Office¥Addinsに保存しますが，Excel 2000と異なり，自動的には正しいフォルダ（ディレクトリ）が選択されませんので，保存場所を指定する必要があります．［ファイル(F)］→［名前を付けて保存(A)］をクリックします．現在の保存先は［My Documents］となっているとします．まず，［保存先(I)］のボックスの右側のボタンをクリックして，［C:］を選択します．［C:］に含まれるフォルダのリストが現れますので，［Program Files］をダブルクリックします．［Program Files］に含まれるフォルダのリストが現れますので，［Microsoft Office］をダブルクリックします．さらにそこに含まれるフォルダのリストから［Office］をダブルクリックし，現れるフォルダのリストから［Addins］をダブルクリックします．［保存(I)］が［Addins］となりますので，［ファイル名(N)］を**統計分析ツール**，［ファイルの種類］を［Microsoft Excelアドイン］とします．アドイン用のファイルが，「統計分析ツール.xla」として保存されます．

　［マクロ(M)］→［アドイン(I)］をクリックすると，［アドイン(I)］のボックスが開くので，［参照(B)］をクリックします．「参照」のボックスが開くので，

12.3 アドインへの組み込み

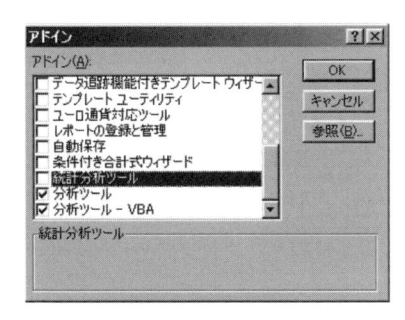

図 12.6 「アドイン」に「統計分析ツール」が組み込まれていることを確認する．

図 12.7 Excel 97 では，保存先を指定する必要があるので，まず，[保存先(I)]のボックスの右側のボタンをクリックして，[C:]を選択する．

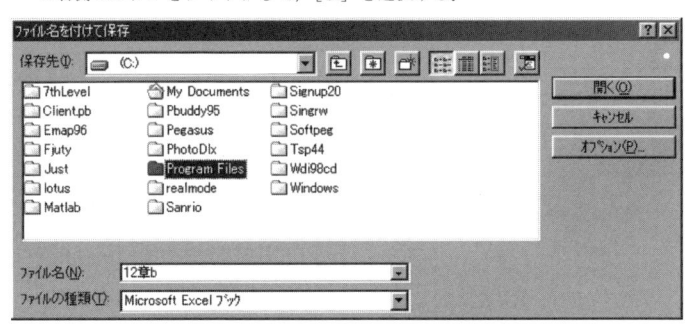

図 12.8 「C:¥」に含まれる「フォルダ」のリストが現れるので，[Program Files]をダブルクリックする．

[統計分析ツール]をクリックし，[OK]をクリックしてください．「アドイン」のボックスに戻り，アドインのリストに「統計分析ツール」が加わりますので，[OK]をクリックしてください（図 12.6〜12.12）．

図 12.9 さらに，[Microsoft Office]→[Office]→[Addins] をダブルクリックしていくと，[保存先(I)] が [Addins] となる．[ファイル名(N)] を統計分析ツール，[ファイルの種類] を [Microsoft Excel アドイン] とし，[保存(S)] をクリックする．

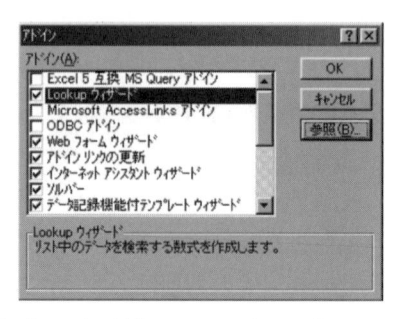

図 12.10 [マクロ(M)]→[アドイン(I)] をクリックすると [アドイン(A)] のボックスが現れるので，[参照(B)] をクリックする．

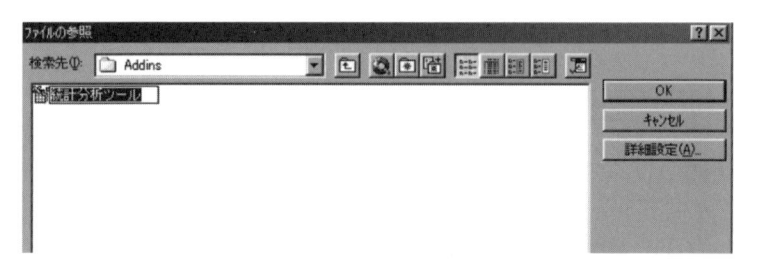

図 12.11 「統計分析ツール」をクリックして，[OK] をクリックする．

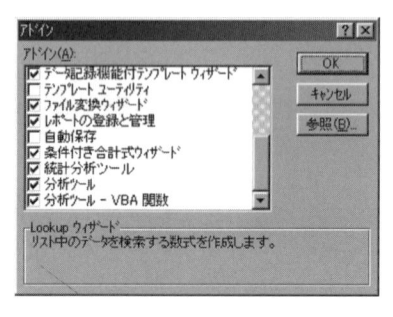

図 12.12 「アドイン」のリストに「統計分析ツール」が加わるので，[OK] をクリックする．

## 12.3.2 ツールバーへの組み込み

Excel 2000, 97 とも，このままではアドインとして使用可能ではありませんので，ツールバーに組み込み，アドインとして使用可能にします．現在のファイルを閉じて付録 CD-ROM から「アドインの設定と解除 .xls」を呼び出してください．Module1 には次のプロシージャが収録されています．

```
Sub AddinInstall()
  AddIns("統計分析ツール").Installed=True
  Set Menu1=Application.CommandBars("Worksheet Menu Bar"). _
  Controls.Add(Type:= msoControlPopup, before:= Application. _
  CommandBars("Worksheet Menu Bar").Controls.Count)
  Menu1.Caption="統計分析"
  Set Smenu=Menu1.Controls.Add
  Smenu.Caption="統計分析ツール"
  Smenu.OnAction="統計分析ツール"
End Sub

Sub AddinUninstall()
  AddIns("統計分析ツール").Installed = False
  Application.CommandBars("Worksheet Menu Bar").Reset
End Sub
```

Sub AddinInstall()は，アドインの組み込みを行うプロシージャです．AddIns("統計分析ツール").Installed=True は「統計分析ツール」をアドインとして組み込みます．（[ツール(T)]→[アドイン(I)] をクリックすると現れるアドインのリストで，[統計分析ツール] がクリックされた状態とします．）Set Menu1=Application.CommandBars("Worksheet Menu Bar"). _ から Smenu.OnAction="統計分析ツール"までは，メニューバーに [統計分析] という項目を加え，そのサブメニューに [統計分析ツール] を加えます．[統計分析ツール] がクリックされた場合，「統計分析ツール .xla」に含まれる「統計分析ツール」のプロシージャが実行されます（図 12.13）．

図 12.13 AddinInstall を実行すると，[統計分析ツール] がアドインとして組み込まれ，ツールバーに [統計分析] が現れる．[統計分析] をクリックすると，そのサブメニューとして，[統計分析ツール] が現れる．これをクリックすると，先ほど作成した分析手法の一覧のリストボックスが現れる．アドインの組み込みを解除してメニューバーをもとの状態とするには AddinUninstall を実行する．

Sub AddinUninstall()はアドインの解除を行い，ツールバーを（［統計分析］が現れていない）もとの状態に戻すプロシージャです．

　AddinInstall を実行すると，［統計分析ツール］がアドインとして組み込まれ，ツールバーに［統計分析］が現れます．［統計分析］をクリックするとそのサブメニューとして，［統計分析ツール］が現れます．これをクリックすると，先ほど作成した分析手法の一覧のリストボックスが現れ，統計分析を行なうことができます．この設定は Excel を終了しても維持されますので，これによって常に本書で作成したマクロ/プロシージャによる統計分析を行なうことができます．アドインの組み込みを解除してメニューバーをもとの状態とするには「アドインの設定と解除 .xls」のファイルを呼び出し，AddinUninstall を実行してください．

## 12.4 演 習 問 題

　7章，11章の演習問題で作成したマクロ/プロシージャをリストボックスに加えてください．また，これに適当なファイ名を付けてアドイン用のファイルとして保存し，アドインとして Excel のツールバーに組み込んでください．

# 参 考 文 献

1) アンク著,「Excel 97 VBA 辞典」, 翔泳社, 1999.
2) 石村貞夫著,「すぐわかる統計解析」, 東京図書, 1993.
3) 井上俊宏著,「Excel 97 VBA の応用 70 例」, ソフトバンク, 1997.
4) 内田清明著,「Excel 97 VBA ステップアップラーニング」, 技術評論社, 1999.
5) システムサイエンス研究所著,「Excel VBA 基本例題 300」, 技術評論社, 1999.
6) 東京大学教養学部統計学教室編,「統計学入門」, 東京大学出版会, 1992.
7) 中嶋洋一著,「Excel 2000 関数ハンドブック」, ナツメ社, 1999.
8) 縄田和満著,「Excel による統計入門（第 2 版）」, 朝倉書店, 2000.
9) 縄田和満著,「Excel による回帰分析入門」, 朝倉書店, 1998.
10) 縄田和満著,「Excel による線形代数入門」, 朝倉書店, 1999.
11) 西田雅昭著,「VBA Excel 97 ハンドブック」, 技術評論社, 1999.
12) M. Dodge, C. Stinson 著, 小川晃夫訳,「Excel 2000 オフィシャルマニュアル」, 日経 BP ソフトプレス, 1999.
13) The Mandelbrot Set (International) Limited 著, アスキー書籍編集部訳,「Advanced Microsoft Visual Basic 6.0 改定新版」, アスキー, 1999.

# 索　　引

## あ行

赤池の情報量基準　131, 134
新しいマクロの記録　3
当てはめ値　116, 119
アドイン　2, 123, 169, 172, 173, 177
　——解除　177
　——の設定と解除　175
　——への組み込み　173, 177
　——用のファイルの保存　173

1次自己回帰モデル　132
一様分布　47, 49, 51
一様乱数　47, 52, 156
インデックス　21, 75, 76
インプットボックス　33

ウィルコクスン
　——の検定　139
　——の順位和検定　2, 139, 145, 151
　——の符号付順位検定　160, 161, 164

エラー　13
演算子　15

オブジェクト　92
オブジェクト型　11

## か行

回帰関数　114
回帰残差　116
回帰分析　2, 114
　——を行なうプロシージャの変更　134
回帰方程式の指標の計算　129
回帰モデル　114, 117
　——の行列表示　117
階数　83
　一般の行列の——　82
　行列の——　79, 82
ガウスの消去法　81, 84
確率分布　47, 48
確率変数　47, 48
確率密度関数　49
カスタム関数　13
カルバック・ライブラー情報量　131

棄却　144, 162
擬似乱数　47
期待値　48, 49
起動　12
　——するプロシージャ　44
基本変形　81, 84
帰無仮説　144, 162
逆関数　55
逆行列　79, 80, 84, 98, 119
　——の計算　90, 98
逆変換法　55, 57, 64
共分散　70, 71
行ラベル　76
行列　65, 79, 118
　——の積　65, 66, 68, 75, 92
　——の定数倍　66
　——の転置　77
　——の和　66
行列計算　2
行列式　83
　——の計算　89
記録終了　4

組み合わせ数　141
　——の計算　17

## さ行

系列相関　131
決定係数 $R^2$　129, 134

誤差項　115, 130
　——間の相関関係　131
　——の系列相関　131
コード　39, 94
　——の誤り　45
コマンドボタン　38, 39, 93, 98, 99

## さ行

最小二乗推定量　119, 123
　行列とベクトルによる——の公式　119
最小二乗法　114, 116, 117, 129
最大対数尤度　130
サブルーチン　7
残差　119
　——の平方和　119
算術演算子　12

指数分布　47, 49, 50
指数乱数　56
自然対数　57
10進型　11
シミュレーション　62, 159
重回帰分析　115
重回帰方程式　115, 116
重回帰モデル　115
終了　12, 13
　——して Microsoft Excel へ戻る　8
順位　140, 161
順位和　140, 145, 156, 163
順位和検定パーセント点　152
　——の計算　151
順列の数の計算　16
小行列式　80

# 索引

小数の法則　55, 58

ステートメント　76

正規分布　49, 51, 130, 139
正規乱数　55
整数型　11, 14
整数値　141
正則行列　80
絶対参照　4
説明変数　118
漸近分布　61
線形回帰方程式　129
線形結合　82
線形従属　83
線形独立　83
尖度　46

相関行列の計算　77, 102
相関係数　70, 71
相対参照　4
挿入　10, 35

## た行

対応関係　160
対数最大尤度　134
大数の法則　2, 47, 60, 62
対数尤度　130
多重共線性　115
ダービン・ワトソン
　——検定量　131
　——の検定　134
　——の検定統計量　135
　——の統計量　131
　——比　134
タブオーダー　38, 93
単位行列　82
単回帰モデル　114
単精度浮動小数点　11, 157

中間順位　144, 146, 163
中心極限定理　2, 47, 60, 61, 63
長整数型　11, 157

通貨型　11
ツール　3, 121
ツールバー　177
　——への組み込み　175
ツールボックス　36, 92, 93, 98

定数の宣言　26
テキストボックス　36, 93, 98
データ
　——の出力　69
　——の入力　69
データタイプ　157
データベース　1
デバッグ　68
転置行列　65, 67, 69
　——の計算　69

統計分析ツール　169, 177
動的配列　69, 75
特異行列　80

## な行

名前　108

二項分布　47, 49
二項乱数　52, 55
2標本検定　139
入力
　指定した範囲からの——　22
　任意の位置からの——　24

ノンパラメトリック検定　160

## は行

倍精度浮動小数点　11, 14, 75
バイト型　11
配列　20, 21, 76
掃き出し法　81
パスワード　172, 173
バリアント型　11
バリアントの値　11

引数　14, 40, 76
日付型　11
非特異行列　80, 119
微分（ベクトルによる）　118
ピボットテーブル　1
表示　39
標準正規分布　47, 51
標準モジュール　41, 96
標本　160
標本分散　70, 71

フォーム　41
符号付順位　163, 168
ブール型　11
プロジェクト　41
　——の保護　172
　——のロック　173
　——プロパティ表示のための
　　パスワード　173
　——を表示用にロックする
　　173
　——-VBAProject　41, 96
プロシージャ　3, 5
　——の内容を秘密にする
　　172
　逆行列を計算する——　84
　行列式を計算する——　83
　行列の積を計算する——　68
　最小二乗推定量を計算する
　　——　120
　最小二乗法を行なう——
　　123
　順位和を計算する——　145
　転置行列を計算する——　69
　符号付順位を計算する——
　　163, 168
　分散・共分散を計算する——
　　70
　4つまでの行列計算を行なう
　　——　106, 108
分散　48, 49, 70
　最小二乗推定量の——　119
分散共分散行列　77, 102
分析ツール　1, 121

ベクトル　118
　——の線形独立　82
変数　157
　——の値　57

ポアソン分布　47, 49, 50
ポアソン乱数　58
母回帰係数　115, 116
母回帰方程式　115
保護　173
母集団　139
補正 $R^2$　130, 134

## ま行

マクロ　2, 3, 13
　——の記録　5
　——の内容を秘密にする
　　172
　——の表示　5
　——の変更　7

——を有効にする 18
未知のパラメータを並べた列ベクトル 117

メニューバー 3

文字型 11
——の変数 33
モジュール 5

## や行

ユーザー定義型 11
ユーザー定義関数 13, 53
ユーザーフォーム 35, 44, 92
4つまでの行列計算を行なう
—— 106, 108

余因子 80

## ら行

ラプラス展開 80
ラベル 36, 92, 98
ラベル名 76
ランク 82
乱数 47

離散型 48
——の確率変数 47
——の変数 141
リストボックス 169
リセット 13, 45

累積分布関数 48, 49, 55
ループ命令 8

連続型 49
——の分布 48

## わ行

歪度 45
ワークシートからの入出力 9
ワークシート関数 31

## 欧文

adjusted $R^2$ 130
AIC 131, 134
Akaike information criterion 131
autoregression 131

Basic 1
binomial distribution 49

Call プロパティ 40
Cells プロパティ 20, 21
central limit theorem 60
coefficient of determination 129
cofactor 80
continuous type 49
cumulative distribution function 48

debug 68
determinant 79
discrete type 48
Durbin-Watson $d$-statistic 132
Durbin-Watson test 134

elementary transformation 81
error term 115
Excel 1, 31
——の関数 69
Excel 5.0 2
Excel 95 2
Excel 97 2, 174
Excel 2000 2, 173
expected value 48

For ループ 15

Gauss reduction method 81

If ステートメント 15, 75
inverse matrix 80

Kullback-Leibler information 131

Laplace expansion 80

law of large numbers 60
linear combination 82
linearly dependent 83
linearly independent 83
LN 57

Microsoft 1
minor determinant 80
MINVERSE 84
MMULT 69
Module 5
multicolinearity 115

nonsingular matrix 80
normal distribution 51

population (partial) regression coefficient 115
population regression equation 115

rank 82
regular matrix 80

singular matrix 80
sweeping-out method 81

$t$ 分布 64
TRANSPOSE 70
transposed matrix 67
two-sample test 139

uniform distribution 51

variance 48
VBA 1, 2, 5
VBAProject のプロパティ 173
VBAProject-プロジェクト プロパティ 173
Visual Basic 1
Visual Basic Editor 5, 7, 10, 12, 35, 169
Visual Basic for Application 1

# 索　引

## VBA のコマンド・関数など

ActiveCell.Range　25
ActiveCell.Offset(1,0).Range("A1").Select　7
Application.　31, 56

Boolean　11
Byte　11
ByVal　57

Call　40
CBool　157
CByte　158
CCur　158
CDate　158
CDbl　158
Cells　20
CInt　158
CLng　158
Columns　75
CommandButton1　38, 39, 93, 94, 95, 99, 103, 107
Const　26
Count　75
CSng　158
CStr　158
Currency　11
CVar　158

Date　11
Decimal　11
Dim　11, 21
Do　29
Do Until　29
Do While　29
Do…Loop　27, 28, 29
Double　11, 14

End Function　16
End Sub　7

Fix　158
For…Next　8
Function　14

GoTo　76

If　15
InputBox　34
Int　158
Integer　11, 14

LOG　57
Long　11
Loop Until　29
Loop While　29

Object　11
Offset　25

Private Sub CommandButton1_Click　39, 40, 95, 99, 103, 110, 112, 126, 128, 151, 156, 159, 167, 168, 170
Private Sub CommandButton2_Click　95, 100, 104, 111, 113, 126, 128, 151, 156, 159, 167, 168
Private Sub UserForm_Activate　170
Private Sub UserForm_Initialize　104

Range　12, 33
ReDim　75, 76
Rows　75

Selection.　6, 24
Selection.Cells　23
Set　43
Single　11
Str　158
String　11
Sub　5

TextBox1　38

Unload　41, 45, 95
UserForm1　35, 39, 92

Val　158
Variant　11

Worksheets.Select　33

## 本書で作成したモジュールなど

**モジュール**
Sub AddinInstall　177
Sub AddinUninstall　177
Sub Calculate　41
Sub CLT　63
Sub CorrCov　73, 77, 104
Sub CovCorrCalc　74, 77
Sub DecCalc　77
Sub DevCalc　74
Sub GenExpRnd　57

索　引

Sub GenBiRnd　52
Sub GenNormRND　55
Sub GenPoRnd　58
Sub InputData　72, 76
Sub LeastSquares　123, 127, 135
Sub LLN　62
Sub LsCalc　124, 127
Sub MatCalc4　108, 112
Sub MatDeterm　85, 89
Sub MatInv　87, 90, 100
Sub MatProd　71, 75, 96
Sub MatRowTrans　91
Sub MatTranspose　73, 77
Sub MCopy　86, 90
Sub MDetRowTrans　86, 90
Sub MInv　88, 91
Sub MInvRowTrans　88
Sub MInv2　110, 112
Sub MProd　72, 76
Sub MTrans　73, 77
Sub MTransInv　109, 112
Sub MTrans2　110, 112
Sub Output　73, 77
Sub percent　9
Sub RegEqStat　135, 136, 138
Sub RegEqStatCalc　136, 138
Sub RegEqStatWrite　137, 138
Sub SameVal　148, 151
Sub SameVal2　166, 168
Sub SetPer　153, 156
Sub SetX　124, 127
Sub Sort1　148, 150
Sub Sort2　155, 159
Sub StatTool　170
Sub Summary　31, 32
Sub Summary2　44
Sub Sum1　34
Sub Total1　10, 11
Sub Total2　20, 21
Sub Total3　22
Sub Total4　24
Sub Total5　27
Sub Total6　27
Sub TransProd　125, 127

Sub VarCalc　125, 127
Sub WRankSum　147, 150
Sub WRankSumCalc1　156
Sub WRankSumCalc2　158
Sub WRankSumPerCalc1　153
Sub WRankSumPerCalc2　155
Sub WRankSumPercent　153, 156
Sub WRankSumPerWrite　156, 159
Sub WriteOneLine　137, 138
Sub WriteRes　125, 127
Sub WriteSqMat　75, 78
Sub WSignRank　165, 168
Sub WSignRankPerCalc　167, 168
Sub YStat　136, 138
Sub ウィルコクソンの符号付順位検定　167, 168
Sub ウィルコクソンの順位和検定　149, 151
Sub 逆行列　100
Sub 行列の計算　110, 112
Sub 行列の積　97
Sub 最小二乗法　126, 128
Sub 順位和検定パーセント点　156
Sub 統計分析ツール　171

**ユーザー定義関数**
Funciton ExpRnd　57
Function BiRnd　52
Function comb　18
Function DWcalc　138
Function Factorial　14
Function MDeterm　85, 90
Function mean1　62
Function mean2　63
Function NormRnd　56
Function perm　17
Function PoRnd　58

**ユーザーフォーム**
UserFormLeastSquares　123
UserFormMatCalc4　107, 108
UserFormStatTool　169
UserFormWRankSum　145
UserFormWRankSumPercent　151, 159
UserFormWSignRank　163

**著者略歴**

縄田和満（なわた・かずみつ）

1957年　千葉県に生まれる
1979年　東京大学工学部資源開発工学科卒業
1986年　スタンフォード大学経済学部博士課程修了
1986年　シカゴ大学経済学部助教授
現　在　東京大学大学院工学系研究科・
　　　　工学部システム創成学科教授
　　　　Ph. D.（Economics）

---

Excel VBA による統計データ解析入門　　定価はカバーに表示

2000年5月20日　初版第1刷
2007年4月10日　　　第5刷

著　者　縄　田　和　満
発行者　朝　倉　邦　造
発行所　株式会社　朝倉書店
　　　　東京都新宿区新小川町 6-29
　　　　郵便番号　162-8707
　　　　電　話　03(3260)0141
　　　　FAX　03(3260)0180
　　　　http:// www.asakura.co.jp

〈検印省略〉

© 2000 〈無断複写・転載を禁ず〉　　　　中央印刷・渡辺製本

ISBN 978-4-254-12144-5　C 3041　　　　Printed in Japan

B.S.エヴェリット著　前統数研 清水良一訳

## 統計科学辞典

12149-0　C3541　　　　A 5 判　536頁　本体14000円

統計を使うすべてのユーザーに向けた「役に立つ」用語辞典。医学統計から社会調査まで, 理論・応用の全領域にわたる約3000項目を, わかりやすく簡潔に解説する。100人を越える統計学者の簡潔な評伝も収載。理解を助ける種々のグラフも充実。〔項目例〕赤池の情報量規準／鞍点法／EBM／イェイツ／一様分布／移動平均／因子分析／ウィルコクソンの符号付き順位検定／後ろ向き研究／SPSS／F検定／円グラフ／オフセット／カイ2乗統計量／乖離度／カオス／確率化検定／偏り他

柳井晴夫・岡太彬訓・繁桝算男・
高木廣文・岩崎　学編

## 多変量解析実例ハンドブック

12147-6　C3041　　　　A 5 判　916頁　本体32000円

多変量解析は, 現象を分析するツールとして広く用いられている。本書はできるだけ多くの具体的事例を紹介・解説し, 多変量解析のユーザーのために「様々な手法をいろいろな分野でどのように使ったらよいか」について具体的な指針を示す。〔内容〕【分野】心理／教育／家政／環境／経済・経営／政治／情報／生物／医学／工学／農学／他【手法】相関・回帰・判別・因子・主成分分析／クラスター・ロジスティック分析／数量化／共分散構造分析／項目反応理論／多次元尺度構成法／他

日大　蓑谷千凰彦著

## 統計分布ハンドブック

12154-4　C3041　　　　A 5 判　740頁　本体22000円

統計に現れる様々な分布の特性・数学的意味・展開等を, グラフを豊富に織り込んで詳細に解説。3つの代表的な分布システムであるピアソン, バー, ジョンソン分布システムについても説明する。〔内容〕数学の基礎(関数／テイラー展開／微積分他)／統計学の基礎(確率関数, 確率密度関数／分布関数／積率他)／極限定理と展開(確率収束／大数の法則／中心極限定理他)／確率分布(アーラン分布／安定分布／一様分布／F分布／カイ2乗分布／ガンマ分布／幾何分布／極値分布他)

東大　縄田和満著

## Excelによる統計入門（第2版）

12142-1　C3041　　　　A 5 判　208頁　本体2800円

Excelを使って統計の基礎を解説。例題を追いながら実際の操作と解析法が身につく。Excel 2000対応〔内容〕Excel入門／表計算／グラフ／データの入力・並べかえ／度数分布／代表値／マクロとユーザ定義関数／確率分布と乱数／回帰分析／他

東大　縄田和満著

## Excelによる回帰分析入門

12134-6　C3041　　　　A 5 判　192頁　本体3200円

Excelを使ってデータ分析の例題を実際に解くことにより, 統計の最も重要な手法の一つである回帰分析をわかりやすく解説。〔内容〕回帰分析の基礎／重回帰分析／系列相関／不均一分散／多重共線性／ベクトルと行列／行列による回帰分析／他

東大　縄田和満著

## Excel統計解析ボックスによるデータ解析
[CD-ROM付]

12146-9　C3041　　　　A 5 判　212頁　本体3800円

CD-ROMのプログラムをExcelにアド・インすることで, 専用ソフト並の高度な統計解析が可能。〔内容〕回帰分析の基礎／重回帰分析／誤差項／ベクトルと行列／分散分析／主成分分析／判別分析／ウィルコクソンの検定／質的データの分析／他

佐賀大　常盤洋一著

## Accessによる統計データベース入門

12158-2　C3041　　　　A 5 判　144頁　本体2500円

Excelでは処理がむずかしい複雑な統計データを, Accessを使って簡単に管理し, Excelとデータの受け渡しをする方法を解説。〔内容〕Accessと統計データベース／データ辞典システム／VBAの基礎／分類属性テーブル／統計表の生成／他

上記価格（税別）は 2007 年 3 月現在